크래프트 맥주

t

지은이 멜리사 콜 Melissa Cole

멜리사 콜은 인류에게 가장 훌륭한 사회적 매개체인 맥주와 음식을 사람들에게
알리고자 열정을 쏟아붓고 있다. 그는 섬세한 감식안으로 존경받고 있으며
뉴질랜드와 미국, 브라질, 고국인 영국과 유럽 전역에서 맥주 심사위원으로 위촉받고
활동하고 있다. 자신의 평가가 브루어리에 미칠 영향에 대해 잘 알고 있으므로, 양조
과정에 대해 배워나가며 세계의 브루어리와 협업에 나서기도 한다.
그는 맥주만큼 음식에도 열정을 품고 있으며, 맥주와 음식의 궁합에 관해서라면 영국
최고의 전문가로 인정받고 있다. 그만큼 오랜 시간 동안 어떤 맥주와 어떤 음식이
어울리는지, 그 이유를 함께 밝혀왔다. 그는 이런 과정을 "독자들을 위해 내가 미리
역겨운 실수를 저질러본다"고 묘사하고 있다.
《크래프트 맥주》는 그의 다섯 번째 책으로 독자를 당황시키지도, 가르치려고 하지도
않고 그저 단순하게 맥주를 즐길 수 있기를 바라는 마음에서 썼다.

옮긴이 이용재

음식 평론가, 번역가. 한양대학교에서 건축 학사, 미국 조지아 공과대학교에서 건축 및
건축학 석사 학위를 받고 애틀랜타의 건축 회사 tvsdesign에서 일했다. 〈조선일보〉,
〈한국일보〉 등 여러 매체에 기고해온 한편, 《한식의 품격》, 《외식의 품격》, 《냉면의
품격》, 《미식대담》, 《조리 도구의 세계》, 《식탁에서 듣는 음악》을 썼으며 《실버 스푼》,
《뉴욕의 맛 모모푸쿠》, 《인생의 맛 모모푸쿠》, 《철학이 있는 식탁》, 《식탁의 기쁨》,
《모든 것을 먹어본 남자》 등을 옮겼다.
www.bluexmas.com

The Ultimate Book of Craft Beer by Melissa Cole
Text © Melissa Cole 2021
Illustrations © Stuart Hardie 2021
First published in the United Kingdom by Hardie Grant Books in 2021
All rights reserved.
Korean translation copyright © TASTEBOOKS 2022
Korean translation rights are arranged with Hardie Grant Books,
an imprint of Hardie Grant Publishing through AMO Agency.

Craft Beer

크래프트 맥주

늘 같은 것만 마시는
당신을 위한 맥주 선택법

A COMPENDIUM
OF THE WORLD'S
BEST BREWS

멜리사 콜
지음

이용재
옮김

taste BOOKS

목차

들어가는 말 6

맥주의 원재료 10 │ 맥주 양조 과정 18 │ 맥주와 음식 짝짓기 20 │ 맥주의 포장과 마시는 요령 22
맥주에 맞는 유리잔 23 │ 분석적으로 맥주 마시기 24 │ 맛없는 맥주의 문제점 파악하기 26

1 라거

부데요비츠키 부드바르 리저브	31
로스트 앤 그라운디드 켈러 필스	32
쇤라머 슈르탈러 샹크비어	33
크라우처 설퍼 시티 필스너	35
나르코스 체코 앰버 라거	36
브루클린 브루어리 브루클린 라거	37
아우구스티너 브라우 둥켈	39
라 쿰브레 비어	40
쾨스트리처 슈바르츠비어	41
코에도 캬라	43
필스너 우르켈	44
비리피초 이탈리아노 티포필스	45
크루키드 스테이브 본 필스너	47
스테이브	48
문 독 비어 캔	50
프뤼 쾰쉬	51
마블 아메리칸 필스	52
루스터스 브루잉 컴퍼니 필스너	54
맥주반죽튀김	56
비어리타선라이즈	57

2 밀맥주

스리 플로이즈 검볼헤드	61
히타치노 네스트 화이트 에일	63
퀴어 브루잉 플라워스	65
마우이 브루잉 파인애플 마나	67
퀴라소	68
포슬포슬한 팔라펠	70
오렌지맥주아이스크림	72
슬라이진	73

3 페일 에일, 인디아 페일 에일(IPA)

사이렌 크래프트 브루 루미나	77
두갈스 942	79
와일드카드 브루어리 IPA	81
홉 노치 헬로 월드!	82
넵튠 모자이크	83
빅 스모크 콜드 스파크	85
세컨드 시프트 브루잉 리틀 빅 홉	87
뽀할라 코스모스	89
홉의 마법	90
홉 각각의 중요성	92
브라세리 뒤 그랑 파리 나이스 투 미트 유!	97
투 버즈 밴텀 IPA	99
브라세리 드 라 센느 잠브 드 부아	101
영 헨리스 뉴타우너	103
맥주망고셔벗	104
맥주자몽비네그레트	106

4 레드, 앰버, 브라운 에일

앤스파크 앤 홉데이 오디너리 비터	111
더 월 브루어리 샤오바르 비요르	113
래스컬스 빅 홉 레드	114
배그비 비어 스리 비글스 브라운	115
풀러스 1845	117
맥주에서 맥아가 중요한 이유	118
노스 엔드 브루잉 앰버	123
텍셀스 복	124
시에라 네바다 토피도 엑스트라 IPA	125
위에리게 알트비어 클래식	126
앵커 스팀 비어	127
바쿠스 플람스 아우트 브랭	129
스카 브루잉 핀스트라이프 레드 에일	131

맥주검정콩딥 132
간단한 맥주빵 134

5 팜하우스 맥주

브라세리 뒤퐁 세종 뒤퐁 139
르 발라댕 웨이언 141
버닝 스카이 세종 아 라 프로비전 142
브라스리 뒥 장랭 앙브레 143
와일드플라워 브루잉 앤 145
블렌딩 굿 애즈 골드
맥주의 식물 및 부재료 간략사 147
듀레이션 벳 더 팜 149
라 슐레트 비에르 데 상 퀼로트 151
맥주크럼펫 152
맥주줄렙 153

6 자연 발효 맥주

브라세리 아베이 도르발 오르발 157
브라세리 드 라 센느 브뤼셀렌시스 158
브루어리 페어헤게 비크터 159
듀체스 드 부르고뉴
로스트 애비 덕 덕 구즈 160
콜렉티브 아츠 브루잉 잼 업 더 매시 161
위플래시 서커펀 163
오리지널 리터구츠 고제 165
사워맥주조개관자세비체 166
닌카시의 키스 167

7 흑맥주와 포터

박스비어 가우트 피어 171
오델 컷스로트 포터 172
무어하우스 블랙 캣 마일드 173
라 시렌 프랄린 175
트라피스트 로슈포르 10 176
발티카 No.6 포터 177
더 커넬 엑스포트 인디아 포터 179
J.W. 리스 하베스트 에일 181

굿 조지 로키 로드 182
파인 에일스 바이탈 스파크 183
크랜베리맥주초콜릿포트 184
피트넛몬스터 185

8 과일 맥주

아우트 비어셀 아우드 크릭 189
어게인스트 더 그레인 블러디 쇼 190
에이트 와이어드 피조아 191
독피시 헤드 시퀜치 에일 192
스티글 라들러 그레이프프루트 193
플라잉 몽키스 트웰브 미니츠 투 데스티니 194
아문센 러시 패션프루트 195
사워맥주수박피클 196
루브아이콘 198

9 무알코올, 저알코올, 무글루텐 맥주

빅 드롭 업타운 크래프트 라거 203
스티글 프라이비어 204
요즘의 크래프트 무알코올 맥주가 205
맛있는 이유
소바 레몬 아스펜 필스너 206
실리아 다크 207
웨스터햄 브루어리 컴퍼니 헬레스 벨스 209
위크로우 울프 문라이트 210
오브라이언 라거 211
그린스 드라이 홉드 라거 212
글루텐버그 아메리칸 페일 에일 213
미켈러 드링크인 더 선 215
에딩거 알코올프라이 216
뉴 벨지움 글뤼티니 골든 에일 217

감사의 말 218

들어가는 말

솔직히 말하자면 이 책은 크래프트 맥주의 모든 것을 아우르는 성경 같은 책이
아니다. 그런 책을 썼다가는 무거워서 들 수도 없을 테니까!

그저 맥주를 좀 더 효율적으로 마시는 데 도움을 줄 책을 쓰고 싶었다.
여러분이 이 책을 읽고 괜찮다고 느꼈다면 크래프트 맥주를 이해하고 싶어하는
친구들과도 공유할 수 있다면 좋겠다.

《크래프트 맥주》를 통해 이미 즐기고 있는 맥주를 좀 더 이해할 수 있고,
존재하는지조차 몰랐던 맥주를 발견할 수 있고, 맥주와 어울리는 안주를 고를
때도 도움을 받을 수 있다. 한마디로 이 책은 맥주를 더 잘 즐기도록 도와주는
지침서 역할을 할 것이다. 그렇다고 맥주를 취하도록 마시자는 이야기는
아니다. 훌륭한 무알코올 맥주 또한 많다.

맥주에 박식해지려면 양조법이나 생산 과정, 원료가 무엇인지 알아야 한다.
이 책을 읽으면 과학과 연금술의 조합을 통해 세계에서 가장 사랑받는
알코올음료가 만들어지며, 모두를 위한 맥주가 존재한다는 사실을 알게 될
것이다. 그러니 마음을 편하게 먹고 좋아하는 맥주를 잔에 따르거나 캔,
혹은 병으로 벌컥벌컥 혹은 꿀꺽꿀꺽 마시자.

이제 맥주의 여정을 떠나기에 앞서 가장 중요한 사항을 말하려 한다.
나는 여러분을 평가하기 위해 책을 쓰지 않았다. 따라서 누구나 좋아하는 술을,
좋아하는 방식대로 마시면 된다. 그저 내가 가장 열렬하게 사랑하는 대상을
당신과 함께 나누고 또한 당신도 좋아하기를 바랄 뿐이다.

그러므로 첫 번째 충고를 건네자면, 맥주를 더 즐기자!

물론 '맥주를 더 많이 마셔야 한다'는 선언을 하는 건 아니다. 그저 마시기를 잠시 멈추고 향을 맡아보자는 말이다. 꽃이 가까이 있다면 그 향도 맡아보자! 맥주를 그저 벌컥벌컥 들이켜느라 제대로 느끼지 못하는 일이 너무 자주 있기에 하는 말이다.

맥주 향을 맡지 않는 게 꼭 나쁘다는 말은 아니다. 뜨거운 햇살 아래서 방금 잔디를 깎았다고? 그렇다면 얼음처럼 차가운 맥주를 쭉 들이켜자. 참으로 아름다운 행위다. 격렬한 운동을 막 마쳤다고? 그렇다면 차가운 맥주로 상을 줘야 한다. 갈증 해소에 물보다 맥주가 더 좋다는 사실이 과학적으로 증명됐으므로 좋은 선택을 한 것이다. 하지만 맥주를 좀 더 알고 이해하고 싶다면 향을 맡아봐야 한다.

왜냐고? 코는 답을 알고 있기 때문이다. 코는 나쁜 맛, 그리고 못 만들었거나 잘못 보관한 식료품을 가장 먼저 알아차리는 첫 번째 방어선이다. 인간의 진화 덕분에 우리는 음식이 좋은지 나쁜지, 그리고 좋아하게 될지 안 좋아하게 될지 코로 먼저 알 수 있다.

나는 세계의 맥주를 평가하면서 30~50%의 맥주를 냄새로만 판단한다. 그저 냄새만 맡고도 맥주가 잘못된 것을 알 수 있고 그 이유 또한 헤아릴 수 있다. 잠시 맥주의 냄새를 맡는다면 깊이 마시기 전에 꼬마 토끼처럼 킁킁, 조심스럽게 코를 가까이 가져가 보자. 그러면 곧 냄새를 맡는 의미를 이해할 수 있게 될 것이다.

잠시 맥주의 냄새를 맡으라는 이유는 또 있다. 친구들과 즐거운 시간을 보내거나, 사랑하는 이와 낭만적인 식사를 하거나, 또는 자신만을 위한 명상에 빠져 있을 때 잠시 맥주의 냄새를 맡는다면, 다음번에 같은 맥주를 마실 때 당시의 기억을 떠올릴 수 있기 때문이다. 설사 세월이 꽤 흘렀을지라도 말이다. 후각은 기억을 환기시키는 감각이고, 골든 에일을 마실 때 써볼 만한 감각이다.

사람들이 나에게 맥주를 추천해 달라고 물으면, 그들에게 평소 무엇을 즐겨 마시느냐고 되묻는다. 맥주 여정의 출발점이자 실패하지 않는 추천 방식이다.

이런 술을 좋아한다면
드라이한 화이트 와인
미디엄 바디의 화이트 와인
달콤한 화이트 와인
드라이한 로제 와인
달콤한 로제 와인
라이트 바디의 레드 와인
미디엄 바디의 레드 와인
풀 바디의 레드 와인
드라이한 스파클링 와인
미디엄 바디의 스파클링 와인
달콤한 스파클링 와인
내추럴 와인, 셰리
진, 토닉
다크 스피릿(위스키, 스카치, 브랜디 등), 콜라
스트레이트 골든, 다크 스피릿

그 방식대로 다른 이들에게 맥주를 추천해 줄 수 있는 간단한 표를 준비했다. 사족을 달자면 일단 좋아하는 음료와 비슷한 온도에서 맥주를 마셔본 뒤 서서히 변화를 주자.

다음과 같은 맥주를 마셔보자

고전적인 세종이나 그리셋, 뉴질랜드 홉hop을 쓴 페일 에일이나 드라이 홉의 라거

세션(저도수, 4~5도 이하-옮긴이) IPA 또는 고전적인 체코 필스너

과일 향 가득한 IPA 또는 페이스트리 사워

과일을 첨가한 베를리너 바이세나 고제

과일을 첨가한 밀맥주

미국식 앰버 에일이나 영국식 마일드

엑스트라 스페셜 비터(ESB)나 둥켈 바이젠

스타우트, 포터 또는 위 헤비

헬레스 또는 쾰쉬

크리스탈 바이젠 또는 영국식 골든 또는 섬머 에일

과일을 첨가한 페일 에일이나 파로

람빅, 괴즈, 또는 다른 혼합 발효 맥주

세종, 그리셋, 또는 비에르 드 가르드를 차갑게

다크 라거, 라우흐비어 또는 페이스트리 스타우트

좋아하는 증류주에 쓴 나무통에 숙성시킨 맥주

맥주의 원재료

원재료는 모든 맥주의 영혼이니 똑같이 중요하다. 오늘날 맥주 시장이 홉
위주로 돌아가는지라 다른 재료는 중요하지 않다고 해도 괜찮을 것 같지만
간을 잘 맞춰야 요리가 훌륭해지듯 맥주도 마찬가지다. 모든 재료가 조화를
이루도록 잘 빚은 맥주는 훌륭한 밴드와 같다. 다른 멤버가 잘 받쳐주고 있기에
한 멤버가 앞으로 나와 솔로를 해도 듣기 좋기 때문이다.

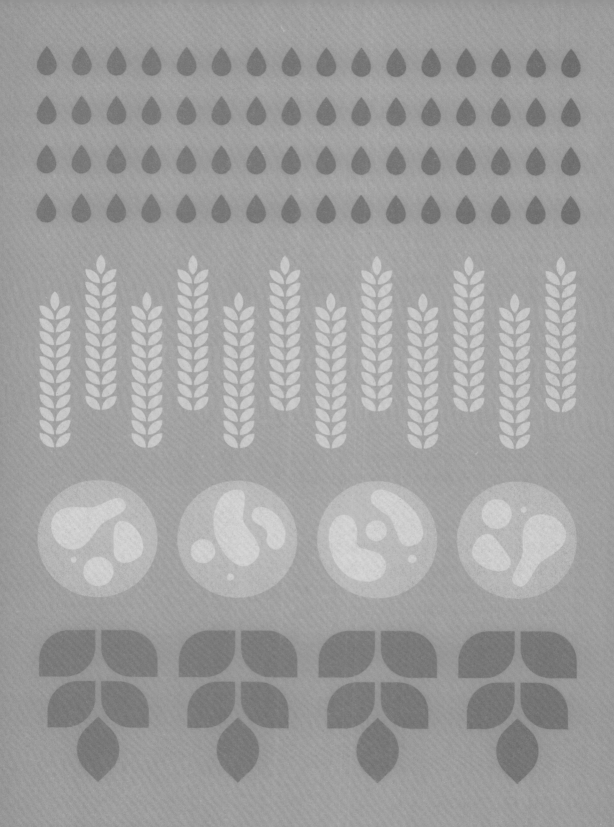

곡물

몰트, 즉 맥아는 맥주의 짜임새를 맡는다. 몰트란 정확하게 무엇인가? 아주 간단하게 설명하면 곡물이고 대개 보리인데, 봄이라고 속여 싹을 틔우게 하고 조심스럽게 말린 뒤 구워서 발아를 멈춘 것이다.

몰팅 과정에서 곡물, 즉 보리를 굽는 정도에 따라 접근 가능한 전분과 활성 효소가 달라진다. 특히 효소는 전분을 효모가 먹고 알코올을 생산할 수 있는 당으로 바꾸는 한편 맥주의 색깔과 맛도 좌우한다.

몰트의 맛과 색은 백밀 식빵부터 통밀, 캐러멜과 토피, 건포도와 밀크초콜릿, 다크초콜릿을 넘어 진하디진한 에스프레소까지 존재한다. 이처럼 다양한 몰트에 발아시키거나 시키지 않은 다른 곡식, 밀이나 귀리, 수수, 호밀 등을 더해 원하는 맛을 낸다.

최고의 맥아 보리는 해양 기후에서 나온다고 하고, 많은 사람이 영국의 보리를 최고로 꼽는다. 물론 약간의 자부심이 깃든 말임에는 틀림 없다. 마리스 오터는 세계에서 가장 유명한 영국산 보리다. 맥주를 빚기 위해 개발한 첫 번째 보리 품종으로, 50년이 지난 지금도 여전히 맛으로 인정받는다.

물

물이라면 어디에나 있지만 모든 물로 맥주를 빚을 수 있는 건
아니다. 아니, 빚을 수는 있지만 사람들에게 뽐내기 좋은 맥주
상식을 하나 알려주겠다. 브루어리에서 맥주를 빚는 데 쓰는
물은 '리큐어'라 일컫고, 일반적인 '물'은 물건을 닦는 데 쓰는
것을 의미한다. 맞다, 불필요하게 복잡하다는 생각이 들지만
브루어리의 세계가 그런 걸 어쩌겠는가!

리큐어와 물을 구분 짓는 요소는 '브루어의 염(Brewer's
Salt)'이다. 브루어는 주기적으로 수도관에서 흐르는 물 가운데
일부를 '브루어의 염'으로 처리한다. 이는 다른 광물을 지닌
물을 고전적인 스타일의 맥주를 빚을 때 쓰는 물로 바꿔주는
과정이다.

예를 들어 버튼온트렌트Burton on Trent가 IPA로 유명한 이유는
물에 석고(과학용어로 황산칼슘)가 풍부해 드라이하고
깔끔한 쓴맛을 자아내는 덕분이다. 반면 포터로 이름을
날리는 런던London은 탄산칼슘이 풍성한 물로 맥주를 빚어
몰트가 두드러지며 감촉도 좀 더 매끈하다. 물론 이런 물을
단물(연수)과 센물(경수)로 분류할 수 있기는 하지만, 그럼
무슨 자질구레한 재미가 있겠는가?

홉

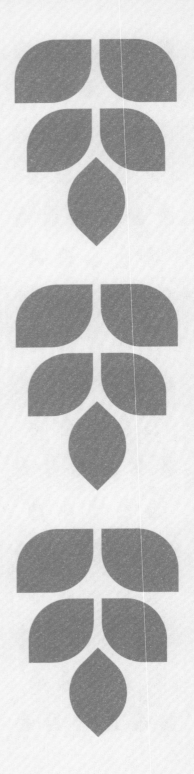

누군가 홉을 '사악하고 치명적인 잡초'라고 일컬었다던데,
신화 및 전설과는 달리 헨리 6세는 아니라고 한다. 하지만 누가
말했든 홉을 정확하게 묘사한 것만은 틀림없다.

홉은 덩굴 식물이라 산속이나 심지어는 도시에서도 볼 수 있다.
런던의 우리 집 근처에도 버려진 채 자라는 크고 호화스러운 홉
나무가 있다. 홉의 쓰임새와 재배 경향을 살펴보면 이제 맥주
양조에서는 정말 아주 적은 비율만 빼고 홉을 쓴다.

홉은 포도처럼 테루아를 조성한다. 테루아는 일조 시간이나
토양, 그리고 기후가 농작물에 미치는 영향을 의미한다.
여기에서는 홉을 놓고 이야기하지만, 일반적으로는 와인
용어로 많이 쓰인다.

홉은 다른 나라에 심으면 원래 품종에 상관없이 선조와
다른 성격을 품게 되며 종종 이름마저 바꿔버린다. 예를
들어 뉴질랜드 캐스케이드 홉은 원래 영국과 유럽의
교배종에서 비롯된 캐스케이드 홉을 옮겨 심은 것이지만 이제
타이헤케라고 부른다. 재배의 모든 과정이 홉의 성격에 영향을
미치지만, 아무래도 테루아에 가장 큰 영향을 받는다.

어쨌든, 홉이 몇십 년 전 와인의 구대륙 및 신대륙과 흡사하게
분류된다는 이야기를 하고 싶었다. 그럼 테루아에 대해 조금 더
살펴보자.

전통적으로 영국의 홉은 미묘한 쓴맛이 있고 절제된 담배, 관목 열매, 갓 깎아낸 잔디 향을 가진다. 중유럽 및 동유럽의 홉은 영국과 흡사하지만 대부분 필스너나 라거, 에일처럼 섬세한 맥주를 위해 재배된 것이다. 그래서 미묘하고도 절제된 허브, 흑후추, 그리고 잘 마른 짚의 향기를 가진다.

미국의 홉은 공격적인 쓴맛에 두드러지는 시트러스, 소나무, 장미와 대마초의 향과 맛을 내기로 유명하다. 호주의 홉은 미국의 쓴맛에 더해 미묘한 살구, 복숭아, 레몬 향을 품고 있으며 신기하게 꽃 향도 다소 풍긴다. 그리고 세계에서 가장 재미있고 복잡한 뉴질랜드 홉이 있다. 뉴질랜드 홉의 쓴맛은 미묘할 수도 있는 한편 소비뇽블랑부터 라임 겉껍질, 벚꽃 등의 맛과 향을 풍기기도 한다.

마지막으로 하나만 더. 프랑스나 스페인 같은 구대륙 와인 생산국에서도 가볍고 좀 더 붙임성이 좋으며 열대의 맛과 향을 품은 포도 품종을 개발하기 시작했다. 마찬가지로 영국이나 독일, 체코 같은 '구대륙' 맥주 생산국에서도 개성을 더하기 위해 미국이나 호주, 뉴질랜드나 캐나다 등의 '신대륙' 국가의 홉으로 관심을 돌리기 시작했다.

효모

효모^{Yeast}는 당을 섭취해 알코올과 이산화탄소를 배출하는
아름다운 단세포 균사류이자 맥주에서 가장 중요한 원료다.
심지어 과학이 그 존재를 밝혀내기 전부터 그래왔다.

고대 문명에서는 맥주를 신이 내린 음료라 믿었으니, 수메르의
맥주 여신에게 바치는 닌카시 찬가가 유명한 방증이다.
기원전 1800년, 돌에 새겨 영원히 남겨진 이 찬가는 맥주
레시피이기도 하다.

악명 높은 독일의 맥주순수령조차 바이에른 지방에서 처음
선포됐을 때 효모를 맥주의 원료로 인식하지 못했다. 하지만
이제 과학 덕분에 효모에 대해 그 어느 때보다도 잘 이해할
수 있게 됐다. 맥주 양조에 쓰는 효모는 너무 다양한 나머지
간단히 설명하기는 어렵지만, 이 단당류 일족의 주요 유형을
소개해 보겠다.

라거^{Lager} 효모
라거에 쓰는 효모의 품종은 사카로마이세스
파스토리아누스(저온 숙성 맥주에 가장 효율적인 효모를 개발한
루이 파스퇴르의 이름을 땄다)다. 이 부지런한 효모는 저온에서
1주일 정도 열심히 일하고 몇 주 동안 휴식을 취한다. 맥주를
저온 숙성시킨다는 말이다. 그래서 이 유형의 맥주를 독일어
'저장하다'라는 단어에서 따온 '라거'라 일컫는다.

에일^{Ale} 효모

에일 효모인 사카로마이세스 세레비지에는 라거 효모보다 좀
더 높은 온도를 좋아하고 오랜 저온 보관이 필요 없이 발효를
빨리 시킨다. 이 에일 효모는 과일과 알싸한 향신료의 맛과
향을 자아내는 경향이 있고 다당류를 섭취하지 않으므로 좀 더
둥글둥글한 감촉을 느낄 수 있다.

야수^{Beasts} 효모

몇몇 다른 효모도 맥주 발효에 관여한다. 브레타노마이세스가
대표적이다. '영국균사류'라는 뜻의 브레타노마이세스는 영국
포터에서 처음 분류해냈고 몇몇 맥주의 괴상한 맛의 원인이다.
다른 효모보다 훨씬 더 느리게 발효를 일으키며 당류를 모두
섭취해 두드러지는 드라이함과 복잡한 향을 자아낸다. 코를
찌르는 열대의 향부터 땀에 젖은 말 덮개의 냄새까지 말이다.
후자는 언제나 그렇게 구미가 당기는 건 아니다! 람빅이나 일부
세종, 그리고 임페리얼 스타우트에서 맛볼 수 있다.

마지막으로 좀 으스스한 이야기지만 조금만 참고 들어주시라.
맥주 양조에 박테리아도 쓰이는데…, 기다려요! 도망치지
마시라니까. 가장 많이 쓰는 품종은 요구르트를 책임지는
락토바실리쿠스로 코끝을 찡하게 하는 신맛을 베를리너
바이세나 고제에서 맛볼 수 있다. 그리고 더 강한 신맛을
자아내는 페디오코쿠스도 있다. 마지막으로 초산균을 쓰는
경우도 있는데, 매우 공격적이므로 극소수의 맥주에서만
찾아볼 수 있다. 식초처럼 신 맥주를 좋아하는 사람은 그다지
많지 않으니까 말이다.

맥주 양조 과정

맥주 양조 과정을 아주 간단하게 정리했다. 다른 요령도
고민했지만 그러려면 전 세계 모든 브루어리의 사뭇 다른
방법론을 모두 고려해야 한다. 그럴 만큼의 시간이나 지면,
삶의 의지가 없기에 간단하게 정리했다.

매싱Mashing은 맥아(때로는 당류나 다른 발효 가능한 원료를
더한다)를 으깬 뒤 큰 냄비에 담고 뜨거운 물을 붓는 과정이다.
이를 통해 맥아의 효소가 전분을 당으로 전환시킨다. 매싱은 한
용기에서 이뤄질 수도 있고, 얕고 넓어서 과정을 촉진시킬 수
있는 여과조로 옮겨서 진행할 수도 있다.

다음 단계는 단맛의 맥아즙Wort을 끌어내기 위해 뜨거운 물을
표면에 뿌리는 스파징Sparging이다. 그리고 케틀이라 불리는
용기로 옮긴다.

케틀에서 단맛의 맥아즙을 끓여 일부는 살균하고 일부는 홉의
쓴맛 화합물을 끌어낸다. 이 과정에서 맛과 향을 위해 홉을
더한다.

그리고 맥아즙은 열 교환기를 거쳐 온도를 내린 뒤 발효조로
옮겨지고, 드디어 효모를 더하면 마법이 벌어진다. 이제 발효가
끝나면 제각기 다른 시간 동안 숙성시킨 뒤 포장한다.

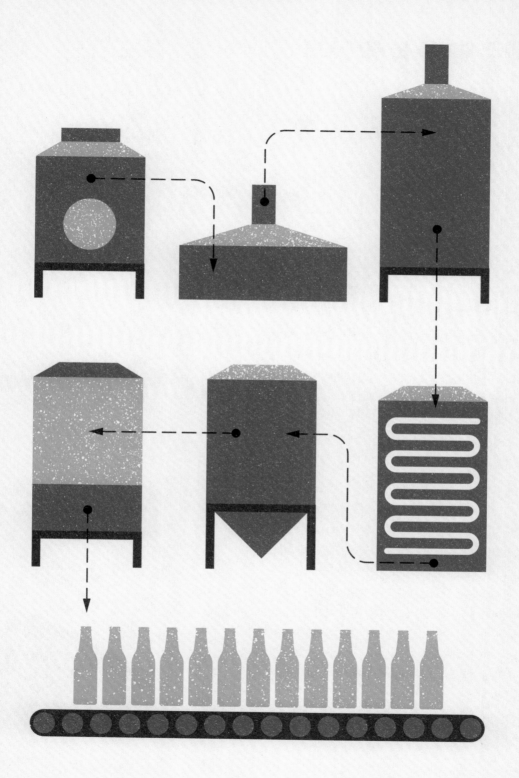

맥주와 음식 짝짓기

맥주와 음식은 가장 자연스러운 짝이다. 플라우맨즈
런치Ploughman's Lunch(주로 펍 메뉴인 빵, 치즈, 피클, 샐러드로
이뤄진 식사-옮긴이)에 생맥주 한잔, 에일에 통구이한 오리와
보리 와인처럼 좀 더 그럴싸해 보이는 메뉴까지, 맥주와 음식은
끝없이 짝지을 수 있다.

맥주와 잘 어울리는 요리를 찾기 위한 첫걸음은 맥주를
파악하는 것이다. 맛은 얼마나 강한가? 미묘하다면 잘 만든
라거거나 순한 골든 에일이고, 이런 맥주에는 간단한 음식을
짝지어주는 게 좋다. 허브와 시트러스를 약간만 쓴 음식이
잘 어울린다는 말이다. 예를 들면 타임 약간, 레몬 몇 쪽과
함께 종이 꾸러미에 싸서 좋아하는 맥주를 부어 오븐에 구운
흰살생선이나 염소젖치즈샐러드 같은 요리가 잘 어울린다.

전통적으로 고수씨와 오렌지 껍질을 쓰는 벨기에 밀맥주에는
스시, 맥주에 익힌 홍합(와인에 익힌 홍합에서 와인만 맥주로
바꾼 것)이 잘 어울린다. 섬세한 영국식 비터나 브라운 에일의
맛을 좀 더 확장시키고 싶다면 음식에 구운 맛을 더해주면
된다. 유서 깊은 웨일스식 토끼 요리나 홀스래디시 약간으로
맛을 내고 알싸한 물냉이를 곁들인 로스트비프샌드위치가
제격이다. 페일 에일이나 IPA처럼 홉의 향이 두드러지는
맥주라면 단맛을 강조한 고전적인 풀드포크에 캐러멜화한
양파를 듬뿍 곁들이면 정말 맛있다. 매운맛이 너무 두드러지지
않도록 주의하자. 홉의 쓴맛이 매운맛을 강화시킨다는 연구
결과가 늘고 있다.

한편 모자이크나 시트라처럼 열대 성향의 홉을 쓴 맥주라면
망고와 패션푸르트쿨리를 얹은 바닐라아이스크림을 선택하자.
색이 진한 맥주에 음식을 짝짓는다면 쓴맛이 얼마나 나는지를
고려해야 한다. 보리를 짙게 구운 흑맥주는 밀크초콜릿으로
단맛의 균형을 맞출 수 있다. 한편 바디감이 크고 알코올도수가
높으며 단맛도 진한 보리 와인이나 올드 에일이라면 진한 맛의
블루치즈나 염장대구스튜처럼 짠 음식으로 균형을 맞추면
좋다.

점점 더 신맛이 강한 맥주가 등장하는데, 풍성하고
진한 음식으로 산도의 균형을 맞출 수 있다. 예를 들면
브레타노마이세스 효모의 흙 향이 느껴지는 플랑드르식 적맥주
같은 다크 사워라면 느긋하게 푹 익힌 소 볼살이 잘 어울린다.
한편 자고새와 배 절임의 크리스마스 만찬이라면 과일 향이
풍성한 베를리너 바이세가 좋다. 그리고 과일을 첨가한 사워
맥주는 풍성함과 물리는 단맛을 잘라주는 초콜릿 디저트와 잘
어울린다. 다만 이처럼 잘 맞는 짝이라면 디저트를 계속 먹게
만드니 뱃살이 늘지 않도록 주의한다.

맥주의 포장과 마시는 요령

잔에 따라 마시자.

맞다, 그렇다, 나도 안다. 엄마처럼 잔소리하고 싶지 않지만 맥주를 잔에 따라 마시지 않으면 대부분의 감각을 느낄 수 없다. 좀 더 간단하게 말하면, 냄새를 제대로 맡을 수 없다면 맥주의 맛도 제대로 느낄 수 없다.

때로는, 특히 캔을 따서 바로 마시면 맥주 맛이 덜 느껴진다. 브루어리에서 캔을 채운 뒤 제대로 세척하지 않아서 접착제나 살균제가 묻어 있을 수도 있기 때문이다. 하지만 더운 날 바비큐 파티에서 캔 맥주를 따서 마시는 재미나, 장거리 달리기를 한 다음 차가운 맥주를 들이켜는 즐거움을 포기하지는 말자. 그때 마시는 맥주는 정말 맛있으니까.

조언 몇 가지만 더 하자면

- 녹색 혹은 투명 유리병에 담긴 맥주는 사지 말자. '빛 오염' 때문에 냄새와 맛이 형편없어질 수 있다. 홉의 몇몇 화합물은 기본적으로 적외선과 자외선으로부터 보호받아야 하는데 녹색 혹은 투명 유리병은 그 역할을 못한다. 람빅 가운데는 예외도 있다.

- 캔은 맥주에 금속 맛을 남길 수 있다. 하지만 따져보면 캔은 100% 재활용이 가능하므로 환경친화적이며 가볍고 수송비가 적게 들고 맥주를 빛과 산소로부터 확실히 보호해준다. 아무리 꽉 조여져 있는 병 뚜껑일지라도 그 수준까지는 보호해주지 못한다.

- 맥주는 서늘하고 어두운 곳에 보관하고 숙성이 필요하지 않은 맥주는 차게 보관했다가 최대한 빨리 마신다.

하이볼 잔

셰이커 잔

와인 잔

셰리 잔

브랜디 잔

맥주에 맞는 유리잔

각각의 맥주는 맞는 유리잔에만 따라 마셔야 한다고 말할 수도
있다. 하지만 찬장에서 유리잔을 끊임없이 정리해야 하는
사람으로서 그다지 내키지 않는다. 물론, 알맞은 유리잔에
맥주를 마시고 싶다면 그렇게 해도 된다. 하지만 이미 집에
이런저런 유리잔이 잔뜩 있을 가능성이 높다. 하이볼 잔이
있다고? 쾰쉬와 아주 잘 어울린다. 보통의 파인트 잔이나
셰이커 잔이라면 라거, 섬머 에일, 밀맥주에 제격이다.
화이트 와인 잔이라면? 세종이나 그리셋, 베를리너 바이세를
따자. 현대적인 셰리 잔이라면? 향을 즐기기 좋은 혼합 발효
맥주가 딱이다. 부피가 큰 레드 와인 잔 혹은 브랜디 잔이라
선 굵고 도수 높은 나무통 숙성 맥주를 따라 마시자.

이렇게 짝을 지어놓으면 패턴을 이해할 수 있을 것이다.
맥주가 화려해질수록 잔도 화려해진다. 다른 술과 비슷한
요령을 적용할 수 있으니 맥주 전용 잔을 잔뜩 갖출 필요가
없다. 물론, 맥주에 푹 빠져버린다면 그래도 되겠지만!

분석적으로 맥주 마시기

맛을 볼 때 냄새의 역할은 과학계에서도 완전히 파악하지 못했다. 하지만 600~900만 개의 후각신경이 비강 위쪽과 목구멍 뒤쪽에 분포돼 있다는 사실은 안다. 신경은 크게 두 가지 체계로 분류된다. 첫 번째는 코로 들이마실 때 냄새를 인지하는 들숨후각계고, 또 하나는 먹고 마실 때 맛을 인식하는 날숨후각계다.

두 체계의 목적은 분리돼 있다. 들숨후각계는 냄새를 인지하고 목록화하는 두뇌의 분석 도구이고, 날숨후각계는 여태껏 밝혀진 것만으로 보자면 의견 형성 체계로 보인다. 정신을 위한 맛으로 향을 전환하고 냄새를 통해 맛의 기억을 저장하는 역할을 맡는다. 초콜릿에 매료되거나 방울양배추를 싫어하게 되는 것도 다 날숨후각계 탓이다.

이러한 현상은 비후 체계가 두뇌의 인지, 즉 생각하는 부분에 바로 연결돼 있지 않기 때문에 벌어지는 일이다. 그와는 다르게 고대의 식욕, 분노, 두려움, 기억의 자리는 그러니까 좀 더 따분하게 말하자면 해마와 시상하부와 편도체를 지나서 간다. 이는 음식과 음료 맛보기가 러시안룰렛 같고 인류가 음식을 먹으면 아프거나 죽을까 봐 걱정했던 시기를 지나 진화해온 결과일 가능성이 높다.

'혀 지도'를 기억하는가? 혀의 앞부분에서는 단맛을, 그 뒤는 짠맛을, 더 뒤로는 신맛과 쓴맛을 느낀다고 표기한 지도인데 거의 완전한 사기다. 이 혀 지도라는 거짓말은 20세기 초 독일의 연구자 D.P. 헤니히Hänig가 만든 것으로, 혀의 어떤 부분이 특정한 맛에 더 민감하다는 연구 결과에서 도출해 낸 것이다. 세월이 흐르며 결과가 과장됐고, 당시에 알려진 단맛, 짠맛, 쓴맛과 신맛을 매우 직관적인 삽화로 설명하고자 그려졌다.

한편 다섯 번째 맛인 감칠맛도 있다. 감칠맛은 입맛을 돋우는 느낌으로, 식욕을 불러일으키는 글루탐산과 핵산이다. 감칠맛은 1908년 일본의 이케다 기쿠나에 교수가 발견했다. 맥주도 효모의 자기 분해를 통해 감칠맛이 나는 경우가 있다.

그런데 나는 왜 감각으로서의 맛Taste과 경험으로서의 맛Flavor을 섞어 쓰지 않았을까? 왜냐하면 둘은 그렇게 쓸 수 없는 단어이기 때문이다. 전자는 기계적인 맛이며 후자는 화학적인 맛으로 이런 맛과 향의 화합물을 발견하는 유전적 능력과 얽혀 있다.

맛없는 맥주의 문제점 파악하기

맛없는 맥주는 공통적으로 발견되는 문제가 있다. 엄청나게 다양하고 어떤 것들은 끔찍할 정도로 구역질 나지만 여기에서는 그냥 맛만 보고 넘어가자.

디아세틸
달콤한 버터팝콘의 향과 입안에서 느껴지는 매끄러운 감촉은 맥주에 문제가 있다는 방증이다. 시간을 제대로 들이지 않았거나 적합한 발효 또는 숙성 과정을 거치지 않은 맥주가 그렇다. 하지만 생맥주를 마셨는데 방금 땅에 떨어뜨린 것 같은 사탕의 단맛을 느꼈다면 매장의 맥주 송출관 가운데 어딘가가 더럽다는 의미다. 주위를 둘러보고 모두가 병맥주나 캔맥주를 마신다면 대세에 동참하도록!

빛 오염
앞에서 녹색 혹은 투명 유리병에 담긴 맥주를 사지 말라고 말했는데 이는 빛 오염 탓이다. 미국에서는 '스컹크 구린내'가 난다고 표현하는데, 개인적으로는 수고양이나 여우의 오줌 냄새와 흡사하다고 생각한다.

산화
산화를 본능적으로 표현하자면 묵은 백후추, 젖은 개나 신문지에서 나는 냄새라 할 수 있다. 유통기한이 지나도 한참 지난 맥주에서 이런 냄새가 난다. 하지만 맥주의 숙성은 단계적으로 이루어지기도 한다. 안타깝게도 과학적인 요령만을 소개할 수 있으니, 소셜미디어에서 맥주 전문 필자나 맥주광이 무엇을 마시는지 잘 지켜보라. 그들도 여러분들이 접하는 맥주를 즐기고 있다면, 마셔도 큰 문제는 없을 것이다.

페놀

트리클로로페놀, 밴드에이드 또는 참을 수 없는 수준의 피트(이탄)나 훈연 향이 맥주에서 난다면 누군가 브루어리에서 일을 게을리했다는 의미다. 스파징 공정에서 재료의 잠재력을 지나치게 뽑아내려 했다거나 물에서 염소, 불필요한 야생효모나 박테리아 등을 제대로 처리하지 않으면 이런 향이 난다.

과탄산, 저탄산

개인적으로는 과탄산이 저탄산보다 문제라고 생각하지만, 한편으로는 기포가 거의 없는 캐스크(술통 숙성) 에일도 즐겨 마신다. 또한 맥주를 마시고 트림을 요란하게 하고 싶지도 않다. 과탄산은 야생효모 감염의 증거일 수도 있는데, 냄새까지 이상하다면 문제가 확실하니 브루어리에 알려주자. 저탄산은 대체로 허술한 포장 탓인데, 때로는 병에서 발효가 더 일어나서 그럴 수도 있다. 이를 '병 내 재발효Bottle Conditioning'라고 일컫는데, 맥주 바닥에 효모 침전물이 깔려 있다. 효모가 건강하지 않거나 먹을 만한 당을 주는 걸 잊었을 때 벌어진다.

시큼한 맛

베를리너 바이세나 고제, 혼합 발효 맥주처럼처럼 의도적으로 맛을 내는 맥주가 아니라면 대체로 박테리아에 감염됐을 때 시큼해진다.

탄맛, 찌르는 맛

현대 맥주에서 가장 거슬리는 점을 꼽자면, 브루어리에서 너무 서둘러 숙성을 마친다는 사실이다. 그 결과 홉이나 효모에 찌르는 듯한 맛이 있다. 맥주에 과잉 홉이나 이스트 부산물이 남아 있기 때문이다. 이런 맥주는 흙 맛을 내는 경향도 있는데, 태만하고 탐욕적으로 사업을 한 결과라 변명의 여지가 없다. 훌륭한 맥주를 만드는 데는 시간과 온도, 그리고 인내심이 가장 중요한 요소인데, 너무 많은 브루어리에서 질 떨어지는 맥주를 빚고는 애주가들을 가스라이팅하고 있다. 맥주라는 건 이렇다고 생각하게 만드는 것이다. 특히 홉이 엄청나게 두드러지는 맥주를 샀는데 맛이 이상하고, "냉장고에 몇 주 두면 괜찮아져요"라는 대답을 듣는다면 돈을 다른 데 쓰라고 권하고 싶다. 브루어리의 유명세를 치르면서까지 맥주를 마실 필요까지는 없다. 아, 그리고 맥주캔은 절대 터져서는 안 된다. 절대 안 된다.

자, 이제 나쁜 이야기를 다 털어놨으니 좋은 이야기를 하자. 물론 맥주를 마시면서.

1
라거

Lagers

어떤 맥주가 라거인가? 라거링 Lagering이란 아주 차가운
온도에서 오랜 기간 숙성시키는 걸 의미한다. 하지만 우리는
필스너를 통해서만 라거를 봤다. 세계에서 가장 잘 팔리는
맥주가 필스너 바탕이지만 대부분은 제대로 라거링을 시키지
않는다.
라거는 옥토버페스트 슈타인(뮌헨의 축제에 참석해서 반드시
마셔봐야 한다)부터 둥켈, 블랙 라거, 다국적 맥주 등 종류가
아주 다양하다. 그런 가운데 몇몇 다른 스타일도 한데
모았으니 복, 스트롱 라거, 아이리시 레드 에일, 앰버와
브라운 라거 등에 대해서도 읽을 수 있을 것이다.
이처럼 다채로운 라거를 소개했으니, 평소 마시던 맥주에서
눈을 돌려 새로운 것을 마셔봤으면 좋겠다. 유명하지만, 물을
탄 것같이 밍밍한 라거보다 좀 더 맛있는 맥주를 말이다.

부데요비츠키 부드바르 리저브

Budějovický Budvar Reserve

도수
7.5%

원산지
체코

이런 술을 좋아한다면 마셔보자
달콤한 버번

잘 어울리는 음식
오리통구이

비슷한 추천 맥주
비라 델 보르고Birra Del Borgo 마이
안토니아My Antonia
7.5%, 이탈리아

운이 좋아서 부데요비츠키 브루어리에 간 적이 있다. 정말 황홀한 경험이었다. 이 브루어리는 체코 정부 소유로 버드와이저 맥주를 파는 거물 안호이저부시 인베브와 오랜 법정 다툼을 벌이면서도 세계적인 성공을 거두고 있다.

여과도 저온 살균도 거치지 않은 부드바르를 마시고 라거의 깨달음을 얻었다. 나와 동료인 피트 브라운이 브루어리에서 끌려 나오면서 문에 남긴 손톱자국이 아직도 남아 있으리라 믿는다.

그렇다고 부드바르가 엄청나게 특별한 맥주는 아니다. 다만 200일 동안 숙성시킨 티가 나는 것이다. 살짝 독한 가운데 복잡한 배와 캐러멜 향이 나다가 기름기 많은 음식을 잘라주는 오렌지와 풀의 쌉쌀함을 느낄 수 있다.

이 맥주는 파인트 단위로 파는 보통의 맥주보다 수준이 높고, 추운 체코의 맥주 창고에서 브루마스터의 거위털 파카처럼 온기를 선사하는 데는 그만이다.

로스트 앤 그라운디드 켈러 필스

Lost and Grounded Keller Pils

도수
4.8%

원산지
영국

이런 술을 좋아한다면 마셔보자
카바

잘 어울리는 음식
갓 구운 브레첼

비슷한 추천 맥주
빅 록 브루어리Big Rock Brewery
필스너Pilsner
4.9%, 캐나다

호주의 리틀 크리처스Little Creatures, 런던의 캠든타운Camden Town 브루어리에서 일했던 알렉스 트론코소가 파트너인 애니 클레멘츠와 브리스톨에 새 브루어리를 연다고 발표했을 때, 맥주계는 새벽부터 파인트 잔을 들고 첫 모금을 마시기 위해 기다렸다. 그리고 그들은 실망시키지 않았다.

이런 스타일로 빚어서 포장을 해서 파는 맥주가 드물기도 하지만, 이 맥주는 여과나 부유물을 걸러내는 청징 과정 없이도 이 맛을 이뤘기 때문에 더욱 훌륭하다. 덕분에 독일 필스너 스타일 맥주가 내는, 맛있는 빵의 느낌을 물씬 맛볼 수 있다.

로스트 앤 그라운디드 켈러 필스는 통상적인 독일 필스너 스타일에 충실하기 위해 독일 홉을 쓴다. 덕분에 갓 깎아낸 풀 내음과 더불어 사랑스러운 덤불과 허브의 향을 느낄 수 있다.

쇤라머
슈르탈러
샹크비어

Schönramer Surtaler Sohankbier

도수
3.4%

원산지
독일

이런 술을 좋아한다면 마셔보자
목 넘김이 좋은 술

잘 어울리는 음식
대구그릴구이

비슷한 추천 맥주
회뇌브뤼게리에트Hönöbryggeriet
라거Lager
5%, 스웨덴

1780년 농부 프란츠 야콥 퀼레러가 개인 브루어리를 매입해 설립한 이후 8대째 가족 기업으로 운영되고 있는 쇤라머는 바이에른의 뿌리를 소중히 여기며 모든 맥주에 역사의 유전자를 이어가고 있다.

슈르탈러 샹크비어는 가볍고 상쾌하고 완벽 그 자체인 맥주로, 몰트의 부드러운 향과 홉에서 오는 알싸함 사이를 아슬아슬하게 줄타기한다. 좀 더 단순했던 세상을 떠올리게 만드는 단순한 맥주다. 아마 세상은 예나 지금이나 복잡했겠지만, 적어도 그런 세상이 있었노라고 믿고 싶어지는 맥주다. 슈르탈러는 묵은 과세법을 충족시키는 저도수 라거인 샹크비어로 분류된다.

크라우처
설퍼 시티
필스너

Croucher Sulfur City Pilsner

도수
5%

원산지
뉴질랜드

이런 술을 좋아한다면 마셔보자
열대 과일 향을 품은 가벼운 화이트 와인

잘 어울리는 음식
그릴에 구운 갑각류

비슷한 추천 맥주
파이브 포인츠Five Points 필스Pils
4.8%, 영국

체코의 영향을 받은 필스너에 과일 향이 폭발하는 뉴질랜드 홉을 더해 필스너와 페일 에일의 장점을 모두 가진 맥주를 탄생시켰다. 이런 맥주를 로터루아의 공업 지역에 자리 잡은 소규모 브루어리에서 빚어냈다니 대단한 업적이 아닐 수 없다. 크라우처 브루어리는 소자본으로 운영되는 세계 어느 브루어리보다 혁신적으로 운영되고 있다. 브루어리를 방문했을 때 그들의 맥주를 훌륭한 음식과 같이 내는 마을의 탭하우스에서 잘 먹고 많이 마셨다. 이 필스너는 강렬한 열대의 향이 나면서도 라거에 기대하는 상쾌함을 여전히 품고 있어서, 더운 날에 생각나는 맥주 가운데 하나다.

맥주 이름은 로터루아 곳곳에 자리 잡은 지열 배출구에서 따왔다. 덕분에 도시 전체에서 간헐천, 온수 연못, 그리고 다소 불쾌한 썩은 달걀 냄새를 맡을 수 있다. 처음에는 좀 거북하게 느껴지지만 금방 적응할 수 있다. 타마키 마오리 마을은 맥주뿐 아니라 뉴질랜드 원주민의 문화를 배우기 위해서도 들러볼 만하다.

나르코스 체코
앰버 라거

Narcose Czech Amber Lager

도수
4.7%

원산지
브라질

이런 술을 좋아한다면 마셔보자
영국 비터

잘 어울리는 음식
피카냐(우둔살-옮긴이)스테이크바비큐

비슷한 추천 맥주
웨스트 버크셔West Berkshire 비엔나
라거Vienna Lager
4.8%, 영국

브라질 포르투알레그리에서 1시간 30분 떨어진 카파오 다 카노아에 세계에서 가장 경치가 좋은 브루어리가 숨어 있다. 바의 베란다에 서면 산, 바다, 호수를 한눈에 관망할 수 있다. 한번 눈길을 주면 떠나고 싶지 않을 것이다.

요즘 브라질 맥주는 호황을 누리고 있다. 초기에는 독일과 포르투갈 이민자에게 큰 영향을 받았고 지금은 전 세계 맥주 문화를 흡수해 자신만의 스타일을 만들어가고 있다. 브라질에는 세계에서 가장 본격적이고 개화된 맥주 학교도 있다.

브루어리를 소유한 디엘 가문은 내 가족과도 같다. 그들의 맥주는 날씨와 완벽한 조화를 이루며, 4년이라는 짧은 기간 동안 많은 상을 받았다. 이 앰버 라거는 편하게, 부담 없이 마실 수 있는 맥주로 빵, 통밀 비스킷(다이제스티브), 살짝 감도는 토피의 향 아래 매혹적인 꽃 내음을 느낄 수 있다. 또한 브라질의 붙박이 음식인 그릴구이와 완벽한 짝이다!

브루클린
브루어리
브루클린 라거

도수
5.2%

원산지
미국

이런 술을 좋아한다면 마셔보자
위스키와 소다

잘 어울리는 음식
닭구이

비슷한 추천 맥주
시에라 네바다 Sierra Nevada
옥토버페스트 Oktoberfest
6%, 미국

생산지 바로 근처인 뉴욕의 바에서 브루클린 라거를 처음 마셨을 때, 한 모금 마시고 나서 그야말로 눈을 크게 떴다. 독일과 체코에서 색이 더 진한 라거를 마셔봤지만 브루클린 라거에는 뭔가 다른 점이 있다. 그래서 오랫동안 생각하며 음미하게 된다.

브루클린 브루어리의 이야기는 엄청난 성공담이다. 당시 뉴욕의 가난한 동네였던 브루클린에 자리를 잡고 엄청난 투자를 했고 최근에는 LGBTQ+ 공동체를 열성적으로 지원하고 있다. 사업에서도 엄청나게 성공을 거뒀다. 콜로라도주 포트 콜린스의 펑크워크스 Funkwerks(개인적으로 가장 좋아하는 브루어리 가운데 하나), 캘리포니아주 샌프란시스코의 투웬티퍼스트 어멘드먼트 21st Amendment 등 다른 미국 크래프트 맥주 브루어리의 소수주주권을 사들이고 있다.

지분의 24.5%를 일본 기린 맥주가 보유하고 있는 데다가 칼스버그와 유럽 생산 계약을 맺어 풍성한 브리오슈와 마멀레이드 향, 그리고 찌르르한 쐐기풀 같은 홉의 쓴맛을 가진 브루클린 라거를 좀 더 쉽게 맛볼 수 있다.

아우구스티너 브라우 둥켈

Augustiner-Bräu Dunkel

도수
5.6%

원산지
독일

이런 술을 좋아한다면 마셔보자
브리티시 비터

잘 어울리는 음식
슈니첼

비슷한 추천 맥주
칼보스Calvors 둥켈 라거Dunkel Lager
4.5%, 영국

둥켈은 뮌헨의 역사적 맥주이며 고전이고 아우구스티너는 이를 가장 잘 지켜나가고 있는 브루어리 가운데 하나다. 아우구스티너는 유명한 뮌헨 축제인 옥토버페스트 맥주를 생산하는 여섯 곳의 공식 브루어리 가운데 하나로 맥주에 대해 잘 아는 곳이다.

아우구스티너는 1328년부터 맥주를 빚기 시작해 500년 동안 수사들이 운영한 뒤 1803년 세속 개혁 당시 국가 소유로 넘어갔다. 그리고 1817년에 개인 소유로 넘어가 쓰러져가는 수도원에서 나왔고, 여러 군데에서 운영했지만 아직도 뮌헨의 명소로 남아 있다.

갓 깎아낸 풀과 홉의 허브 향이 가벼운 커피와 초콜릿 향을 북돋아주는데, 이 모든 게 가볍고 마시기 쉬운 바디에 담겨 있다. 색이 진하다고 걱정하지 말고 다크 라거의 색다른 경험에 빠져보자.

라 쿰브레 비어

La Cumbre Beer

도수
4.7%

원산지
미국

이런 술을 좋아한다면 마셔보자
프로세코

잘 어울리는 상황
햇볕 쨍한 뜨거운 날

비슷한 추천 맥주
세븐 피크스7 Peaks 당 존Dent Jaune
5.2%, 스위스

모두가 그렇듯 나에게도 작은 의식이랄까, 나를 행복하게 만들어주는 바보 같은 행동이 있는데 이 맥주와 상관이 있다. 그레이트 아메리칸 맥주 축제에 가면 언제나 이 맥주를 맨 처음 마신다. 브루마스터 제프 얼웨이는 내가 다가오는 걸 보자마자 맥주를 잔에 따르기 시작한다.

이 맥주가 특별한가? 그냥 라거 아닌가? 아니다. 나 같은 사람이 훌륭한 라거를 좋아하는 이유가 있다. 결점 하나 없는 정말 맛있는 라거를 빚기란 맥주 양조에서 가장 어려운 일 가운데 하나다. 그리고 사흘 동안 술통에 숙성시킨 임페리얼 흑맥주부터 스모크 비어까지 평가를 하다 보면 정말 무엇보다, 다시 강조하지만 무엇보다 이처럼 훌륭한 라거를 마시고 싶다.

깔끔하고 상쾌하며 맛으로 가득 차 있어, 그저 이 강렬하고 생생하며 레몬 향을 풍기는 라거를 마시면서 엄청나게 깔끔한 발효와 숙성을 즐기기만 하면 된다. 그야말로 라거의 본령 같은 맥주다.

쾨스트리처
슈바르츠비어

Köstritzer Schwarzbier

도수
4.8%

원산지
독일

이런 술을 좋아한다면 마셔보자
포터

잘 어울리는 음식
천천히 익힌 돼지족발

비슷한 추천 맥주
손브리지Thornbridge 루카스Lukas
4.2%, 영국

쾨스트리처는 세계에서 가장 오래된 슈바르츠비어(블랙 라거)
생산자 가운데 하나며 그 역사만큼 맥주를 잘 빚는다. 베를린
장벽 붕괴에서도 살아남은 브루어리로, 분단 독일 시대에도
동독에서 계속 수출을 해왔던 브루어리기도 하다.
지금은 독일의 대기업 비트브루거가 소유하고 있으며
여전히 마시고 또 마시고 싶은 블랙 라거를 생산하고 있다.
말린 과일과 커피 향, 약간의 신선한 담뱃잎 향을 풍기니
진한 맥주는 가볍고 상쾌할 수 없다고 생각하는 이들이라면
꼭 한번 마셔봐야 한다.

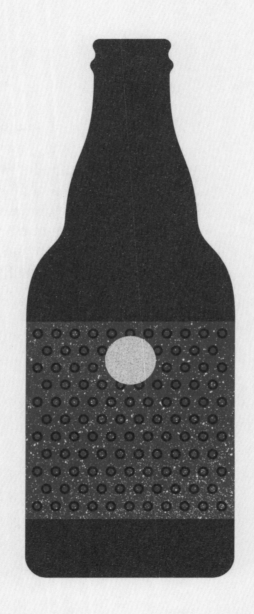

코에도
캬라

Coedo Kyara

도수
5.5%

원산지
일본

이런 술을 좋아한다면 마셔보자
오렌지 와인

잘 어울리는 음식
마늘새우구이

비슷한 추천 맥주
라콘스Lacons 스팀 라거Steam Lager
4.6%, 영국

코에도 브루어리의 역사는 무척 흥미롭다. 원래 지역 재료와 유기농 재료 활용이라는 원칙을 세우고 설립된 브루어리로 지역에서 맥주에 쓸 수 있는 보리가 없다는 걸 알아차리자 고구마로 눈을 돌렸고 새로운 스타일의 맥주가 탄생했다. 캬라는 좀 더 전통적인 방식으로 빚어졌고 이름인 '캬라伽羅'도 붉은 기가 감도는 진한 갈색을 의미한다.

아름다운 와인의 느낌을 품은 열대 향의 넬슨 소빈 홉을 써 캬라는 복잡한 맛을 지닌다. 여섯 가지 다른 맥아를 쓰는데, 한데 어우러져 절대 압도하거나 물리도록 달지 않은, 가벼운 오렌지와 호밀빵의 향을 자아낸다. 일단 마셔보면 많은 상을 탄 이유를 알 수 있을 것이다.

필스너 우르켈

Pilsner Urquell

도수
4.4%

원산지
체코

이런 술을 좋아한다면 마셔보자
페로니

잘 어울리는 음식
한잔 더!

비슷한 추천 맥주
필라스 브루어리Pillars Brewery
필스너Pilsner
4%, 영국

라거에 지면을 할애한다면 필스너 우르켈을 반드시 다뤄야 한다. 우르켈 덕분에 수없이 많은 흉내쟁이가 등장했고 필스너는 세계에서 가장 인기 있는 맥주로 자리 잡았다. 그럼에도 불구하고 대부분의 필스너는 우르켈의 밍밍한 복사본일 뿐이다.

필스너 우르켈의 탄생 이야기는 다소 각색됐고 사실과는 거리가 멀지만 대강의 얼개만 살펴보자. 1838년, 필센은 자기네가 빚는 맥주가 너무나도 싫은 나머지 모든 걸 다 쏟아버리고 브루어를 내쫓은 뒤 성난 젊은이 조제프 그롤을 그 자리에 앉혔다. 그롤은 영국의 페일 몰팅 기술과 독일의 라거 효모를 조합해 막 지어진 브루어리에서 맥주를 빚었다. 그리고 1842년 첫 맥주가 세상의 빛을 봤으니 모두가 마시고 기뻐했다. 그렇게 필스너 우르켈은 명성을 얻기 시작했고 그 이후에는 흔한 표현처럼 역사 그 자체가 됐다.

페일 몰트를 언급했지만 사실 필스너 우르켈은 금색을 띠고 있음을 알 수 있다. 이는 맥아즙의 일부를 다른 통에서 끓여 캐러멜화시키기 때문이다. 거기에 지역의 사츠 홉과 5주의 라거링을 더하면 단순하고도 완벽한 맥주가 탄생한다.

비리피초
이탈리아노
티포필스

Birrificio Italiano Tipopils

도수
5.2%

원산지
이탈리아

이런 술을 좋아한다면 마셔보자
프로세코

잘 어울리는 음식
파르마햄

비슷한 추천 맥주
닌카시Ninkasi 필스너 저온 발효
라거Pilsner Cold Fermented Lager
4.7%, 미국

맥주 애호가에게 티포필스를 물어본다면 완벽한 라거를
마셨던 행복한 기억과 더불어 분명한 한숨 소리를 들을 수 있을
것이다. 맥주가 완벽하다고 말하는 건 쉬운 일이 아니지만
이 맥주는 수준을 낮추지 않고도 마시기 쉬우며 완벽한 맥주에
가깝다.

소유주인 아고스티노 아리올리는 같이 술을 마시기에는
최고의 파트너다. 냉소적인 유머 감각에 겸손하지만 맥주에는
엄청나게 열정적인 데다가 모두를 기분 좋게 만드는 미소도
가지고 있다.

아고스티노는 브루어리 소유주 가운데서는 드물지 않은 과학
전공자로 그 정밀함과 기술적인 탁월함 덕분에 그의 맥주와
명성에는 흠잡을 데가 없다. 사실 그는 내가 아는 가장 꼼꼼한
맥주광으로 모든 변수를 기록한다. 그러니 맥주가 맛이 없을 수
없다.

티포필스는 여과와 저온 살균을 거치지 않아 다소 탁해
보이지만 단점이라곤 찾아볼 수 없는 맥주다. 맥아의 빵
반죽 향에 부드러운 복숭아 향이 더해지면서 밀라노 패션
위크만큼이나 우아한 향을 보여준다.

크루키드 스테이브 본 필스너

Crooked Stave Von Pilsner

도수
5%

원산지
미국

이런 음료를 좋아한다면 마셔보자
가벼운 음료

잘 어울리는 음식
버섯피자

비슷한 추천 맥주
베를리너Berliner 필스너Pilsner
5%, 독일

크루키드 스테이브(구부러진 판자-옮긴이)라는 이름만 대도 대부분의 사람은 설립자 채드 야콥슨의 야생효모 맥주에 넋이 나가버릴 것이다. 크루키드 스테이브는 야콥슨과 브루어리 직원들이 고된 일과를 마치고 마실 만한 맥주를 만든다.

채드 야콥슨은 내가 가장 좋아하는 동네 가운데 하나인 콜로라도주 덴버에서 양조 과학을 깊이 이해하고 느긋한 태도로 맥주를 빚는 사람이며, 언제라도 함께 수다 떨고 싶은 맥주광 가운데 한 사람이다.

본 필스너는 여과하지 않은 켈러(셀러, 즉 창고) 맥주로 훌륭한 독일의 필스너가 보여주는 흰 빵의 향이 자리 잡고 있다. 한편으로는 밝고 상쾌하면서 깔끔해 단숨에 들이켤 수 있는 맥주라서 야콥슨의 빼어난 맥주들을 고르기 전에 입맛을 돋우는 한두 잔으로 아주 좋다.

스테이브

Stave

스테이브는 나무 술통을 만드는 판자를 말하는데 이것이 구부러지면 교체를
해야 한다. 맥주 이름을 크루키드 스테이브라고 지은 것에서 이 브루어리의
살짝 삐딱한 정신이 느껴진다. 나무 술통을 자세히 들여다보면 흥미롭게도
모든 스테이브의 폭이 같지 않다는 것을 알 수 있다. 쿠퍼Cooper, 즉 술통
장인만이 이렇게 폭이 다른 판자를 가지고도 완벽하게 술통이 들어맞도록
만들 수 있다.

문 독
비어 캔

Moon Dog Beer Can

도수
4.2%

원산지
호주

이런 술을 좋아한다면 마셔보자
코로나(물론 맥주 말이다!)

잘 어울리는 상황
무척 덥고 땀 나는 춤판

비슷한 추천 맥주
크라우처Croucher 뉴질랜드 필스너New
Zealand Pilsner
5%, 뉴질랜드

상황에 너무 잘 어울리는 맥주가 생각난 나머지 바를 쳐다볼
생각도 하지 않는 경우가 있다. 문 독을 처음 마셨을 때도 이런
상황이었다. 당시 나는 호주에 있었고 막 맥주 평가를 마친
참이어서 긴장을 늦추고 춤이라도 추려고 했다. 무척 더운 바에
가서 신나게 춤을 추는 가운데 맥주캔이 계속해서 전달됐고
덕분에 우리는 내면의 맥주광을 부추기지 않고서도 상쾌함을
맛볼 수 있었다.

맥아 향이 두드러지지 않지만 홉의 시트러스 향이 가득한
문 독이 기억에 남았다. 문 독은 라임을 욱여넣어야 겨우 먹을
만해지는 맛없는 '열대' 라거의 출중한 버전으로 디자인됐다.
맥주 속물이 되고 싶지는 않지만 그런 맥주는 도저히 마시고
싶지 않다!

50

프뤼
쾰쉬

Früh Kölsch

도수
4.8%

원산지
독일

이런 술을 좋아한다면 마셔보자
프로세코

잘 어울리는 분위기
사람 구경

비슷한 추천 맥주
하울링 홉스Howling Hops 다스
쾰쉬Das Köolsch
4.6%, 영국

맥주에 싸움을 붙이고 싶다면 쾰쉬 가운데 가펠과 프뤼 중 어느
쪽을 더 좋아하느냐고 물어보라. 난투극이 벌어질 가능성이
꽤 있다. 물론 과장해서 말하는 것이지만, 쾰쉬처럼 섬세한
맥주를 놓고도 그렇게 취향이 나뉜다. 나는 아무래도 프뤼
쪽을 더 좋아하는 것 같다. 내가 처음으로 제대로 마셔본
쾰쉬가 프뤼였기 때문인데, 세상을 떠난 친구 글렌 페인이
처음 프뤼 쾰쉬를 주고는 절반쯤 마셨을 때 감상을 물었다.
그는 맥주에 대해서는 대강 질문하는 사람이 아니었다. 나는
곰곰이 고민했고 '그저 라거' 이상의 무엇인가를 마시고 있음을
깨달았다. 당시에는 어렸고 지금보다 아는 것도 없었으니
이 정도 감상이라도 이해해주길 바란다.

쾰른의 브루어리에서 프뤼를 마시면 섬세한 기쁨까지 느낄 수
있다. 기본적으로 약간의 리치 향을 느낄 수 있으며 이는 높은
발효 온도 때문일 거라 추측한다. 저온의 라거링 기간 동안에는
특유의 깔끔하고 빵의 향기를 살짝 풍기는, 맛있는 피니시를
품는다. 그래서 작은 잔에 계속 따라 마시게 된다.

마블
아메리칸 필스

Marble American Pils

도수
4.2%

원산지
영국

이런 술을 좋아한다면 마셔보자
버드와이저

잘 어울리는 음식
태양 아래에서 바비큐

비슷한 추천 맥주
1936 비에르 라거1936 Biere Lager
4.7%, 스위스

마블 브루어리는 몇십 년 동안 영국 크래프트 맥주 운동의
선두주자였을 뿐만 아니라, 유명한 인물들이 거쳐간
브루어리였다. 원더 비욘드Wander Beyond, 클라우드워터
브루잉 컴퍼니Cloudwater Brew Co.와 블랙잭Blackjack 브루어리의
설립자부터 손브리지Thornbridge, 보케이션Vocation과 솔트 비어
팩토리Salt Beer Factory의 크래프트 맥주 커뮤니티까지 업계
사람들을 많이 배출했다.

최근 마블 브루어리는 맨체스터의 상징적인 발원지 마블
아치 펍에서 살짝 벗어나 살포드에 브루어리를 설립했다.
브루마스터 조 잉크가 다시 이곳에서 크래프트 맥주 운동의
선두를 이끌고 있다. 설립자 잰 로저스의 아들 조 잉크는 그저
부모를 잘 만나서 회사를 물려받은 것이 아니다. 그는 매직 록
같은 영국의 크래프트 맥주 세계의 선두에서 일한 뒤 그들의
약간 삐딱한 정신까지 계승하고 있다.

마블의 맥주 가운데 하나만을 고르기란 어려운 일이다.
싫어하는 맥주는 하나도 없지만 아무래도 필스너가
브루어리의 상징인 파인트보다 조금 더 낫다. 파인트는 나무
술통에 들어 있는 게 가장 맛있기 때문이다. 이 책을 읽을
전 세계의 독자들에게 마실 수 없는 걸 소개할 필요는 없지
않은가! 하지만 여러분이 맨체스터에 올 일이 있다면 꼭

이렇게 해보자.

비행기나 기차에서 내린 뒤 바로 마블 아치에 가서 캐스크 파인트를 한 잔 주문하고 손을 자주 댔다 떼지 말고 최대한 빨리 마신다. 그리고 한 잔을 더 주문해서 펍의 아름다운 분위기를 감상하며 느긋하게 마신다.

다시 필스너 이야기를 해보자. 상쾌한 솔잎과 라임 껍질, 약간의 브리오슈 향이 오렌지나 장미꽃 향으로 마무리된다. 단순한 맥주 가운데 최고이고 나 또한 즐겨 마시는 맥주다.

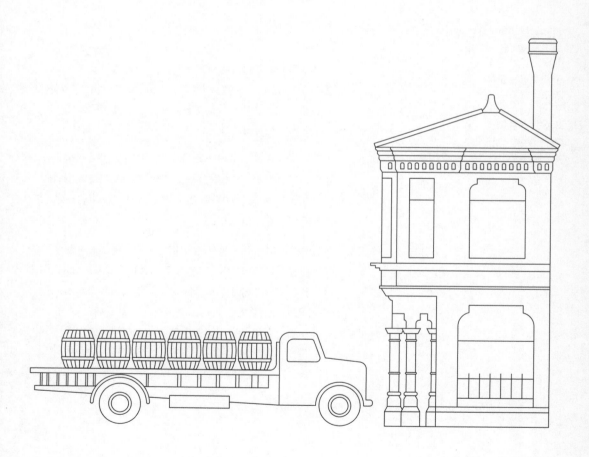

루스터스 브루잉 컴퍼니 필스너

Rooster's Brewing Co. Pilsner

도수
4.8%

원산지
영국

이런 술을 좋아한다면 마셔보자
미국 페일 에일

잘 어울리는 음식
치즈버거

비슷한 추천 맥주
가펠 쾰쉬Gaffel Kölsch
4.8%, 독일

시어머니 덕분에 루스터스 브루잉 컴퍼니의 루스터스 크림을 마시고 깨달음을 얻었다. 안타깝게도 계절 한정이지만, 클래식이 이 시대를 어떻게 버텨나가지는지 보여주는 좋은 예라 할 수 있다. 루스터스 크림을 처음 마신 지 거의 20년이 다 됐다.

해로게이트의 아름다운 요크셔 마을에 자리를 잡은 루스터스 브루잉 컴퍼니는 설립자 션 프랭클린이 아닌 톰과 올 포자드 형제가 운영한다. 하지만 처음의 정신만은 그대로 남아 있다. 전 세계의 영향을 기꺼이 받아들이지만 요크셔 맥주로서 정체성은 지키는 것이다.

미국식 맥주로 잘 알려진 루스터스지만 지역 기업이자 품질 좋은 차와 커피로 알려진 테일러스 오브 해로게이트와 협업도 진행하고 있다. 장미레모네이드사워나 녹차 IPA, 자랑스럽게도 내가 협업한 하이티 등이다.

루스터스의 여느 맥주처럼 필스너는 시장의 중심에서 약간 비껴간 지점을 겨냥한다. 라거 효모로 맥주를 빚지는 않지만 차가운 온도에서 발효와 숙성을 시킨 덕분에 특유의 맛을 낸다. 상쾌하고 깔끔한 가운데 전통적인 독일 홉에서 배어 나온 맛있는 허브, 풀, 향신료를 품고 있으며 아주 가볍고 알싸한 마리골드를 품고 있다. 꽃 향은 바쁜 반딧불처럼 계속 맴돌면서 절대 앞으로 치고 나오지는 않으니, 필스너를 맛있게 만들어주는 가벼운 향만을 선사한다. 브루어리에서 생맥주를 마실 수 있으니 기회가 닿는다면 꼭 방문해보자.

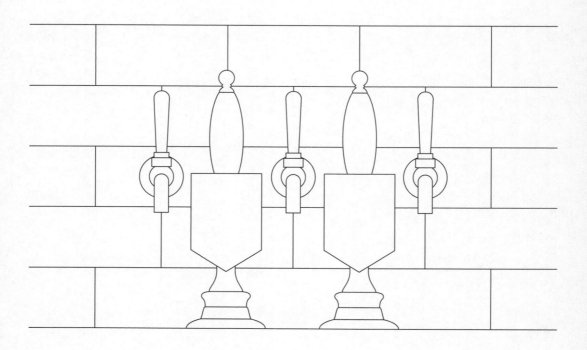

맥주반죽튀김

Beery Tempura

분량 | 4~6인분(애피타이저)

재료

생선(또는 새우나 관자) 1.25kg

채소(당근 등 좋아하는 것) 750g

포도씨유 적당량

바닷소금 약간

반죽

중력분 200g

옥수수전분 200g

달걀 1개

맛있는 라거 200ml

얼음 약간

* 라거는 얼기 직전의 상태가 되도록
냉동실에 둔다.

1 생선과 채소는 폭 2cm 정도가 되도록 손질하고
바닷소금으로 가볍게 간한다.

2 튀김기나 웍에 포도씨유를 담고 170℃가 될 때까지 끓인다.

3 볼에 얼음을 넣고 키친타월을 깐 뒤 다른 볼을 올린다.

4 **3**의 볼에 중력분과 옥수수전분, 달걀, 라거를 넣고
젓가락으로 가볍게 섞는다. 너무 많이 섞으면 멍울이 생기니
주의한다.

5 생선과 채소에 **4**의 반죽을 묻히고 **2**의 포도씨유에 넣어
노릇노릇하고 바삭해질 때까지 튀긴다. 단, 너무 많이 넣지
않도록 주의한다.

6 바닷소금으로 가볍게 간한다.

비어리타선라이즈

Beerita Sunrise

재료

레모네이드 3

라거 3

데킬라 블랑코 3

그레나딘 1

칵테일용 종이 우산 1개

* 레모네이드는 갓 짜낸 레몬즙으로
만든 차가운 것이 좋다.

* 라거는 차갑게 둔다.

* 레모네이드와 라거, 데킬라
블랑코, 그레나딘은 비율로
표기했으니 비율대로 양을 계산하면
된다.

비어리타선라이즈는 훌륭한 파티용 칵테일이다. 내키는 대로
얼마든지 만들 수 있도록 레시피는 비율로 소개한다. 종이
우산으로 장식해야 더 재미있으니 꼭 챙기자.

1 유리잔에 레모네이드, 라거, 데킬라 블랑코를 담고 살포시
 젓는다.

2 그레나딘을 조심스럽게 붓고 긴 바텐더 스푼으로 젓는다.
 약간은 거품과 함께 섞일 테지만 대부분 바닥으로 가라앉아
 일출 효과를 낼 것이다.

3 종이 우산을 꽂고 멕시코의 해변가에 있다고 생각하며
 마신다.

2
밀맥주

Wits,
Wheats,
and Weizens

밀맥주는 맛이 워낙 다양해 하나의 범주에 욱여넣는 게 거의
무례할 지경이다. 나는 밀맥주에 대해서라면 하루 종일
열정적으로 이야기할 수 있다.
밀맥주는 대체로 벨기에식이나 독일식으로 분류되고,
요즘은 미국식도 늘고 있다. 미국식 밀맥주는 효모의 맛이
두드러지지 않고 부재료를 첨가하지 않아 이렇다 할 맛을
내지 못하는 경우가 많다. 하지만 구스312처럼 갈증 해소에는
기가 막힌 맥주도 있다.
한편 벨기에의 밀맥주는 섬세한 가운데 전통적으로 첨가하는
고수씨와 오렌지 껍질의 향이 두드러지며, 독일식은 효모에
따라 바나나부터 정향, 풍선껌 등의 다양한 향을 품는다.
맑은 밀맥주든, 탁한 밀맥주든, 거품이 풍성하게 올라오든,
그렇지 않든, 밀맥주라면 곡식 가운데 30~70%가 발아 또는
발아되지 않은 밀로 이루어져야 특유의 바디가 생긴다.

스리 플로이즈
검볼헤드

3 Floyds Gumballhead

도수
5.6%

원산지
미국

이런 음식을 좋아한다면 마셔보자
스타버스트(과일맛 캐러멜-옮긴이)

잘 어울리는 음식
킬바사소시지

비슷한 추천 맥주
미노^{Minoh} 더블유 IPA^{W-IPA}
9%, 일본

병의 라벨에 만화가 그려져 있는 맥주는 그리 많지 않을
것이다. 몇몇이 있기는 하지만 스리 플로이즈 검볼헤드가
처음이라고 확신한다. 롭 사이어스가 그린 고양이 검볼헤드
또는 '멍텅구리 고양이'는 1990년대부터 존재했다.
사이어스는 전 여자 친구의 고양이에서 착안해 술을 마시고
담배를 피우고 칼로 찌르고 비행기를 추락시키는 고양이
캐릭터를 고안해냈다. 뭐 이런 짓까지 하나 싶지만, 사람의
손이 있는 고양이라면 충분히 가능하지 않을까?

2014년의 인터뷰에서 사이어스는 스리 플로이즈 브루어리에
초대받은 이야기를 풀어놨다. 밀맥주 라벨에 검볼헤드를
쓰겠노라고 초대를 받았는데, 정신을 잃었다가 깨어나니
다리에 케그가 달린 채로 내용물을 비워낸 여과조로 빨려
들어가고 있었다고 주장했다. 간신히 빠져나와 브루어리의
일당들을 쓰러뜨리고 공동 소유주인 닉 플로이드의 사무실로
달려갔더니 "그 친구 맥주 좀 줘서 돌려보내라"라는 말을
들었다고 한다. 그렇게 둘은 협업을 시작했다. 스리 플로이즈의
사람들을 알기 때문에 이 이야기가 사실인지 아닌지 따지고
싶지는 않다. 하지만 이들과 함께 맥주와 독주를 마시며
"악마에게"라는 말로 건배를 한 나 자신을 생각하면 뭐라 할
말이 없기도 하다.

검볼헤드는 밀맥주의 알싸함에 미국식으로 진하게 홉을 첨가해 시대를 앞선 맥주였다. 말하자면 요즘 유행이었다가 시들곤 하는 화이트 IPA와 벨기에식 IPA의 선구자인 것이다. 엄청나게 상쾌하고 목 넘김이 좋은 맥주지만 도수가 높으니 과음하지 않도록 주의하자.

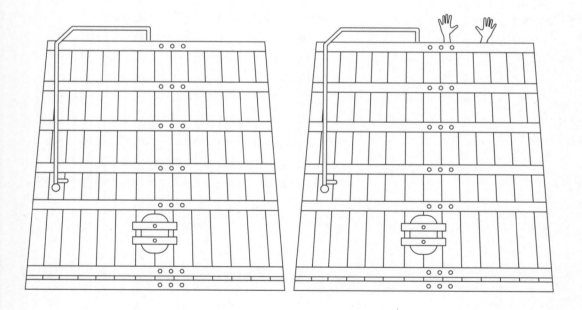

히타치노 네스트
화이트 에일

Hitachino Nest White Ale

도수
5.5%

원산지
일본

이런 술을 좋아한다면 마셔보자
보드카와 오렌지

잘 어울리는 음식
카레돈가스

비슷한 추천 맥주
무 브루Moo Brew 헤페바이젠Hefeweizen
5%, 호주

일본의 크래프트 맥주 세계는 끊임없이 변화하고 있다. 국산보다 수입 맥주에 열을 올리던 시기도 있었지만 시간이 흐르며 그 경향이 바뀌었는데, 히타치노 네스트의 공이 크다. 나는 2011년의 쓰나미와 지진이 브루어리에도 큰 영향을 미쳤음에도 불구하고 그들이 아직도 몇백 명의 이웃을 부양한다는 사실을 높이 평가한다.

각설하고, 맥주 이야기를 해보자. 이 화이트 에일은 벨기에에서 기대할 수 있는 것보다 더 많은 향신료를 넣었다. 고수씨와 오렌지주스, 오렌지 껍질에 넛멕을 더했다. 하지만 섬세하게 더해서 간단한 맥주 이상으로 승화시킨다. 그래서 입에 머금을 때마다 놀라게 된다.

퀴어 브루잉
플라워스

Queer Brewing Flowers

도수
3.5%

원산지
영국

이런 술을 좋아한다면 마셔보자
중간 단맛의 화이트 와인

잘 어울리는 음식
파에야

비슷한 추천 맥주
브라세리 뒤 보크Brasserie du Bocq
블랑쉬 드 나무르Blanche de Namur
4.5%, 벨기에

퀴어 브루잉의 파운더 릴리 웨이트는 내 친구이자 영국에서 맥주 브랜드를 소유한 최초의 성전환 여성이다. 웨이트는 다양성과 LGBTQ+를 굳건히 지지하고 창조력과 에너지가 넘쳐 모든 일을 빼어나게 잘한다. 그녀는 엄청난 일가를 이룬 화가이자 도예가이기도 하다.

웨이트는 다른 브루어리와의 협업을 통해 기금을 조성해 동성애자를 위한 공간을 확보하는 한편, 자신의 맥주를 세상에 내놓는 데 매진하고 있다. 이 책을 쓸 때는 타이니 다츠Tiny Dots(필스너), 플라워스Flowers(밀맥주), 이그지스턴스 애스 어 래디컬 액트Existence as a Radical Act(페일 에일) 등이 있었지만 지금은 더 많은 맥주를 내놓았으리라 믿어 의심치 않는다.

맥주 세계는 자신과 닮은 꼴이 아니면 문호를 개방하지 않는 백인 남성의 세계다. 따라서 웨이트의 브랜드가 맥주 세계에 대담하게 도전한다는 자체만으로 마음이 뿌듯하다. 최근 클라우드워터 브루잉에서 릴리뿐 아니라 흑인 두 명, 인도인 한 명이 소유한 맥주를 네 병에 한 세트로 제품화해 대형 슈퍼마켓에 공급하는 데 도움을 줬다.

플라워스는 풍성한 오렌지 껍질과 고수씨, 허브와 시트러스 향의 홉, 아침에 숙취로 시달리고 싶지 않은 사람들을 위한 낮은 도수 등 밀맥주가 갖춰야 할 모든 미덕을 겸비하고 있다. 나는 언젠가 시들어버릴 꽃을 사느니 꽃의 이름을 가진 이 맥주 여섯 병을 살 것이다.

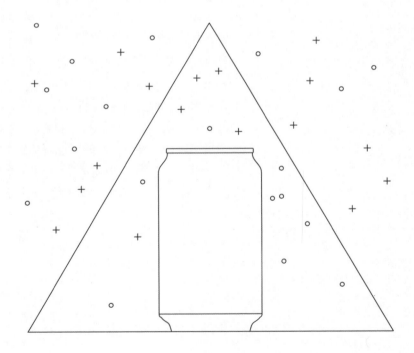

마우이 브루잉
파인애플 마나

Maui Brewing Pineapple Mana

도수
5.5%

원산지
미국

이런 술을 좋아한다면 마셔보자
파인애플 다이키리

잘 어울리는 음식
포케볼

비슷한 추천 맥주
투웬티퍼스트 어멘드먼트21st
Amendment 헬 오어 하이 워터멜론Hell or
High Watermelon
4.9%, 미국

개럿 마레로는 아내 멜라니와 함께 맥주 사업에 투신한 뒤
늘 변함없는 모습을 보여주고 있다. 마우이섬 최초, 그리고
최대 규모의 브루어리를 설립하기란 절대 쉬운 일이 아니었을
것이다. 따라서 마레로가 엄청난 애주가였으리라 생각할
수도 있는데 그는 브루어가 아니다. 그는 이전에 몸담았던
투자자문에서 교훈을 얻어 좋아하는 맥주 사업을 시작하고
성장시켰다. 이제 그의 브루어리는 마우이섬의 중요한
부분으로 자리 잡았다.

마레로는 환경에 미치는 영향을 최소화하는 데 역량을
기울이고 있어, 그의 브루어리는 태양광 패널에서 최대한의
전기를 얻는다. 또한 마우이섬의 예술, 창작 공동체와도
협업을 진행한다. 그는 변화에 앞장서고 힘을 북돋아주는
동료이자, 귀여운 유기견을 위한 소셜미디어 계정을 운영하는
동물애호가이기도 하다.

이 맥주는 파인애플 맛이 가득하며 살짝 신맛이 도는 가운데
밀이 기분 좋은 바디를 자아낸다. 마치 일출을 캔에 담아
마시는 기분이 드는 맥주다. 맥주를 홀짝이다 보면 화환을 목에
걸고 발을 모래에 담근 듯한 기분이 들 것이다.

퀴라소

퀴라소 하면 가게나 바에서 볼 수 있는, 소름 끼치는 파란색의 술을 떠올리기 쉽다. 하지만 퀴라소는 그 술의 원료인 라라하오렌지가 나는 섬이자 세계적으로 인기를 끄는 맥주 스타일과 연관된 역사가 있는 곳이다.

퀴라소는 남카리브해 소앤틸리스 제도에 있는 네덜란드 왕국의 자치 국가로, 원래 1500년대 초 스페인의 탐험가들에게 '발견(서양의 시각에서 그렇다는 말이고, 원주민들에게는 이미 친숙했을 것이다)'됐다. 그때 세비야오렌지가 스페인으로 건너왔다.

오렌지 나무는 먹을 만한 열매를 맺지 못하고 버려졌지만 종내에는 테루아의 영향력으로 다른 품종으로 거듭났으니, 오늘날 라라하라고 부르는 오렌지 나무가 됐다. 라라하오렌지는 과육이 매우 질기고 맛이 없지만 껍질이 엄청나게 향긋하고 매력적인 향을 품고 있어서 말려서 퀴라소 리큐어에 쓴다.

누가 처음 라라하오렌지 껍질로 리큐어를 빚었는지는 분명하지 않지만, 네덜란드 서인도회사(영국 동인도회사만큼이나 악독한)를 통해 네덜란드의 볼스 증류소가 오렌지에서 추출한 기름을 공급받게 됐다. 그리고 볼스 덕분에 퀴라소가 유명해졌는데, 아마 그 유명한 색깔 때문이었으리라. 1600년대 말부터 1700년대 초까지 증류소를 운영했던 루카스 볼스는 자사의 주류에 신비로움을 불어넣는 것을 좋아했으니, 덕분에 퀴라소에 밝은 파란색 색소가 들어가게 됐다.

하지만 퀴라소의 역사가 벨기에 맥주 양조와 무슨 관련이 있느냐고? 벨기에라는 나라가 1830년까지 존재하지 않았다는 걸 안다면 모두 놀랄 것이다. 벨기에에는 가운데 수도인 브뤼셀을 두고 북쪽의 플랑드르(네덜란드어 사용), 남쪽의 왈로니아(프랑스어 사용)로 나뉘어 있어 국가 정체성을 두고 끊임없이 논란을 벌이고 있다.

따라서 벨기에산 맥주의 향신료에서 식민지 시대의 영향력이 느껴지는
건 그리 놀라운 일이 아니다. 향신료는 네덜란드 왕국의 부를 축적하는
수단이었으니까.

물론 이제는 클릭만 몇 번 하면 인터넷에서 원하는 재료를 사서 원하는
스타일의 맥주를 빚을 수 있지만 클래식은 괜히 클래식이 아니다.
클래식을 잘만 해석하면 일반적인 애호가를 넘어서는 맥주를 빚어낼 수 있다.
몰슨 쿠어스의 블루 문이 증명한 것처럼.

포슬포슬한 팔라펠

Fluffiest Falafel

분량 | 4인분

재료

병아리콩 말린 것 300g

벨기에식 밀맥주 330ml

쪽파 5대

마늘 4쪽

민트 30g

파슬리 30g

고수 30g

커민가루 1½작은술

바닷소금 고운 것 1작은술

하리사 ½작은술

식용유 적당량

소금 약간

장식

레몬 썬 것 약간

엑스트라버진 올리브유 약간

통깨 약간

팔라펠이 악명 높은 건 분명하다. 잘못 만들면 땅콩버터 다음으로 입천장에 달라붙지만 잘 튀기면 바삭하고 포슬포슬하다. 물 대신 다섯 종류의 맥주를 써본 결과, 벨기에식 밀맥주가 밝은 시트러스 향을 내 가장 잘 어울린다.

이 레시피는 푸드랩의 J. 켄지 로페즈 얼트와 우리 동네 레바논 음식점 셰프의 레시피를 합친 뒤 맥주로 반죽한 것이다. 팔라펠은 납작한 빵에 샐러드, 소스와 함께 끼워 먹어도 좋고 요구르트, 레몬즙, 통깨, 올리브유를 더해 애피타이저로 내도 좋다. 타진 냄비에 넣어 데워 먹어도 맛있다. 맥주를 제외한 레시피 전체가 채식 친화적이니 참고하자.

1 병아리콩을 물에 씻고 큰 볼에 담아 맥주를 부은 뒤 잠기도록 찬물을 더하고 냉장실에서 12시간 정도 불린다.

2 민트, 파슬리, 고수는 굵게 썰고 쪽파 윗동은 장식으로 쓰도록 놔두고 나머지 부분은 굵게 썬다.

3 마늘은 바닷소금을 약간 넣어서 으깬다.

4 병아리콩을 건져 물기를 제거하고 키친타월로 닦은 뒤 팬에 펼쳐 10분 정도 둔다.

5 병아리콩과 나머지 재료를 푸드 프로세서에 넣고 고운 빵가루처럼 보일 때까지 간다. 손으로 살짝 뭉쳤을 때 흩어지지 않을 정도면 된다.

6 5를 냉장고에 넣고 20분 정도 둔다.

7 반죽을 꺼내 골프공만 하게 빚고 서로 붙지 않도록 식용유를 바른 접시에 올린다.

8 우묵한 프라이팬에 식용유를 넣고 중불로 달군 뒤 **7**을 조심스럽게 넣는다. 튀기지 않고 가볍게 끓어오르는 식용유에 팔라펠이 ⅓ 정도 잠기면 된다. 나머지 팔라펠을 담그면 절반 정도로 높아질 것이다.

9 2~3cm 간격을 두고 팔라펠을 최대한 많이 채운 뒤 센불로 올려 15초 정도 익히다가 다시 중불로 낮추고 노릇노릇해질 때까지 각각의 면을 4분 정도 튀긴다.

10 먼저 튀긴 팔라펠은 나머지를 익힐 때까지 따뜻한 오븐에 둔다.

11 팔라펠을 키친타월에 올려 기름기를 제거하고 레몬즙과 올리브유를 뿌린 뒤 소금으로 간한다.

12 쪽파 윗동으로 장식하고 통깨를 뿌려 따뜻할 때 낸다. 튀긴 팔라펠을 냉동 보관하면 3개월 정도 먹을 수 있고 먹을 때는 180°C의 오븐에서 15~20분 정도 데우면 된다.

오렌지
맥주아이스크림

Orange Beer Ice Cream

분량 | 1.5L 정도

재료

우유(저지 추천) 400ml
생크림 300ml
백설탕 140g
벨기에식 밀맥주 75ml
달걀노른자 5개 분량
오렌지 제스트 2개 분량
오렌지즙 살짝 얼린 것 4큰술

맥주아이스크림이라고? 안 될 것도 없다. 맥주가 아이스크림에 신선함을 불어넣어 한결 더 맛있어지며 초콜릿토르테나 따뜻한 브라우니에 곁들이면 더욱 잘 어울린다.

1 백설탕과 달걀노른자를 볼에 담고 색이 옅어질 때까지 거품기로 휘핑한다.

2 우유, 생크림, 밀맥주를 소스팬에 담고 불에 올려 거품이 맺힐 때까지 서서히 데운다.

3 2를 1에 넣으며 거품기로 휘핑한다. 계속 젓지 않으면 멍울이 맺히니 주의한다.

4 3을 다시 소스팬에 담고 아주 서서히 데운 뒤 걸쭉해질 때까지 스패츌러로 계속 젓는다. 스패츌러에 묻은 아이스크림 베이스에 손가락으로 선을 그었을 때 사라지지 않고 남아 있으면 준비가 다 된 것이다.

5 오렌지 제스트와 오렌지즙을 넣고 가볍게 거품기로 섞은 뒤 상온에서 식혔다가 아주 차가워질 때까지 냉장고에 둔다.

6 익은 달걀이 멍울지지 않도록 고운 체에 내리고 밀폐 용기에 담아 냉동실에 보관한다. 먹을 때는 잠시 상온에 뒀다가 덜면 된다.

슬라이진

A Sly Gin

분량 | 큰 레드 와인 잔 2잔

재료

진(슬라이진 레몬 버베나 또는 런던 진)
70ml

슈나이더 바이세 마이네 호펜바이세
1병

생강레몬그라스 시럽 50ml

레몬 ½개

레몬 껍질 2쪽

각얼음 적당량

* 호펜바이세는 아주 차갑게
준비한다.

생강레몬그라스 시럽

| 설탕 적당량
| 물 적당량
| 생강 적당량
| 레몬그라스 줄기 적당량

호펜바이세와 진만으로 아주 간단하게 만들 수 있지만,
생강레몬그라스 시럽을 더하면 차원이 달라진다. 물론 없어도
맛있다.

1 생강레몬그라스 시럽은 같은 양의 설탕과 물을 넣어 만든다.
   설탕과 물을 소스팬에 담고 불에 올린 뒤 끓기 시작하면
   바로 불을 끈다. 생강과 레몬그라스 줄기를 칼등으로 으깨
   소스팬에 넣고 설탕이 녹을 때까지 시럽을 저은 뒤 그대로
   식히며 생강과 레몬그라스를 우려낸다.
   * 밀폐 용기에 담아 보관하면 몇 주 정도 쓸 수 있다.

2 유리잔이 차가워지도록 얼음을 담는다.

3 칵테일 셰이커에 얼음과 생강레몬그라스 시럽을 담고 30초
   정도 섞은 뒤 진을 넣어 섞는다.

4 레몬은 즙을 짜서 넣고 호펜바이세를 넣은 뒤 살짝 젓는다.

5 유리잔에서 얼음을 꺼내고 셰이커의 칵테일을 담은 뒤 레몬
   껍질을 손으로 가볍게 꼬아 장식한다.

6 생강레몬그라스시럽을 더한다.

3
페일 에일,
인디아 페일 에일(IPA)

Hop Stars

홉은 맥주계의 향수와 같다. 이 작은 식물에서 250종 이상의 향을 맡을 수 있으며, 쓴맛의 화합물과 항균력도 제공한다. 홉은 자연 방부제인 셈이다. 이 멋진 홉을 본격적으로 소개하고자 한다(홉은 대마초와 일가이기도 하다). 홉 덕분에 맥주에서 장미, 오렌지 껍질, 자몽즙, 소비뇽블랑, 코코넛, 딜, 레몬그라스, 벚꽃, 망고, 리치, 서양배 등 다양한 향을 맡을 수 있다. 사실 이 파트는 내가 후물루스 루풀루스에 바치는 연서라고 해도 틀린 말은 아닐 것이다.

사이렌
크래프트 브루
루미나

Siren Craft Brew Lumina

도수
4.2%

원산지
영국

이런 술을 좋아한다면 마셔보자
과일 향이 두드러지며 드라이한
화이트 와인

잘 어울리는 음식
그릴에 구운 할루미치즈

비슷한 추천 맥주
일루시브 브루잉Elusive Brewing 오레곤
트레일 IPAOregon Trail IPA
5.8%, 영국

사이렌은 크래프트 맥주의 본거지인 런던 외곽에 자리 잡고
있다. 더블배럴드Double-Barrelled와 팬텀Phantom, 그리고
맥주계에서 가장 상냥한 남자인 앤디 파커의 훌륭한 브루어리
일루시브 브루잉Elusive Brewing 등이 있는 곳이다.

사이렌은 고작 출범 8년이 넘었을 뿐이지만 크래프트
맥주계에서 중요한 역할을 차지할 정도로 성장했다. 소유주
대런 앤리가 책임감을 가지고 꾸려나가는 가운데, 그가
좋아하는 대담한 맛이 맥주에 깃들어 있다.

사이렌의 맥주는 출범 당시부터 완성도가 높았다. 처음부터
그렇게 시작하는 브루어리가 많지도 않지만 사이렌처럼 꾸준히
높은 완성도를 지키는 곳도 많지 않다. 술통 숙성 프로젝트가
본 궤도에 올라가면서 매년 꼭 마셔볼 만한 한정 생산 맥주를
내고 있다. 다만 사이렌의 맥주 가운데 내가 가장 좋아하는
리퀴드 미스트레스를 단종시켰다는 사실은 아직 받아들이지
못하겠다.

여러분이 커피를 좋아한다면 사이렌의 맥주도 좋아할 것이다.
사이렌은 2013년부터 '바리스타 프로젝트'를 통해 커피와
맥주를 다양한 방식으로 조합시켰다. 그 덕분에 IPA를 위한
홉에 돈을 쓰듯 커피에 비용을 치렀으니 덕분에 커피를

마시지 않는 이들에게도 사랑받을 수 있는, 맛있는 맥주를 내놓고 있다. 다만 너무 맛있으니 카페인을 과다 섭취하지 않도록 주의할 필요는 있다.

선택지가 참으로 다양하지만 사이렌의 맥주 가운데 루미나가 가장 빛난다고 생각한다. 가볍고 상쾌한 바디에 넘실거리는, 엄청나게 풍성한 홉은 쓴맛과 새콤함, 그리고 상큼한 셔벗과 여름날을 떠올리게 하는 열대 과일의 미세한 향을 갖추고 있다.

두갈스 942

Dougall's 942

도수
4.2%

원산지
스페인

이런 술을 좋아한다면 마셔보자
베르데호

잘 어울리는 음식
파드론페퍼

비슷한 추천 맥주
호른비어Hornbeer 탑 홉Top Hop
4.7%, 덴마크

두갈 브루어리의 앤드루 두갈은 스페인에서 꿈을 이룬 영국인이다. 항구 산탄데르에서 멀지 않은 곳에 브루어리를 열었으니 '매우 행복하다(Happy as a Clam)'는 영어 속담이 잘 들어맞는다. 아니, 영어로 조개(Clam)가 아닌 스페인어 조개(Almeja)처럼 행복하다고 표현해야 맞을까?

이 맥주는 바닷가에서 마시면 너무 맛있어서 그가 브루어리가 아닌 뜨거운 해변에 누워서 이 맥주를 꿈꾸었으리라 믿게 된다. 각각 두 종류의 맥아와 홉을 쓰는 정말 간단한 레시피로 빚은 942는 페일 에일과 라거 중간쯤의 맥주로 집에서 태양과 바다, 모래, 그리고 세션 IPA를 꿈꿀 때 마시기 딱 좋다. 참고로 나는 1주일 내내 그런 꿈을 꾸며 산다.

와일드카드
브루어리
IPA

Wild Card Brewery IPA

도수
5.5%

원산지
영국

이런 상황을 좋아한다면 마셔보자
균형

잘 어울리는 음식
양지머리바비큐

비슷한 추천 맥주
본페이스Boneface 더 유닛뉴질랜드 IPA
The Unit NZ IPA
6%, 뉴질랜드

와일드카드는 출범한 지 얼마 되지 않았음에도 큰 영향력을 발휘하는 곳인데, 대부분이 대표 브루어이자 팔방미인인 예가 와이즈 덕분이다. 예가는 과학자, 브루어, 음악가며 박식가라고 해야 맞을 것이다. 맥주를 좋아하지 않는데도 그렇게 잘 만든다면 그는 미움을 받을 만하다.

런던 북쪽의 월섬스토에 자리 잡은 와일드카드는 브루어리와 커피 로스터, 다른 식음료 사업의 거점 역할도 어느 정도 하고 있다. 와일드카드는 2012년 앤드류 버크비와 윌리엄 해리스의 거실에서 탄생해, 매년 백만 병 이상의 맥주를 생산하고 주요 슈퍼마켓과 거래하는 사업체로 성장했다.

와일드카드의 맥주 중에는 IPA를 자주 마신다. 그들의 맥주가 다 그렇지만 균형이 잘 잡혀 있기 때문이다. 과도한 홉 욱여넣기도 느껴지지 않고 혀를 압도하지도 않는, 그저 쓰고 쌉싸름하고 시원한 맥주를 마시는 즐거움이 무엇인지 아는 이들의 솜씨가 담겨 있다. 한마디로 고수의 맥주다.

홉 노치
헬로 월드!

Hop Notch Hello World!

도수
4.7%

원산지
스웨덴

이런 맛을 좋아한다면 마셔보자
열대 과일의 맛과 향

잘 어울리는 환경
바다의 공기

비슷한 추천 맥주
세븐 클랜스7 Clans 홉루티드 IPAHop-Rooted IPA
6.5%, 미국

홉 노치의 제시카 헤이드리치와는 오랫동안 알고 지낸 사이다. 미국에 맥주 평가를 갈 때 같은 방을 쓰는데, 그는 총명한 과학자이자 멋진 브루어일 뿐 아니라 아주 재미있는 친구다. 그리고 내 코골이를 참아주기도 한다.

제시카는 다른 브루어리에서 오래 일한 끝에 배우자인 마그누스와 홉 노치를 설립했다. 그가 스톡홀름 외곽의 아름다운 섬에 있는 오래된 극장에 브루어리를 차렸을 때 내 일처럼 기뻤다. 영사실에 맥아 제분기를 놓아서, 원래 영사가 됐던 틈을 통해 반짝이는 양조 기자재를 볼 수 있다. 아직도 창고에는 공단 커튼과 은막이 남아 있다.

헬로 월드는 그들의 첫 맥주로 제시카의 홉 사랑이 완벽하게 담겨 있다. 강한 모자이크와 시트러스 홉이 가득해 자몽과 열대 과일의 향이 넘쳐나며, 건발효 덕분에 오래 두고 마실 수 있는 세션 IPA다.

넵튠
모자이크

Neptune Mosaic

도수
4.5%

원산지
영국

이런 음식을 좋아한다면 마셔보자
입맛 돋우는 다과

잘 어울리는 음식
새우바비큐

비슷한 추천 맥주
보 앤 애로우Bow&Arrow 시닉 웨스트
헤이지 IPAScenic West Hazy IPA
6.5%, 미국

줄리와 레스 오그래디가 리버풀에 설립한 넵튠은 빠른 시간에
영국 맥주계에 자리를 잡았다. 줄리는 맥주 동호회 '맥주
아는 여성들'의 설립자로 유명하며 맥주 양조계의 성차별
타파에 앞장섰다. 한편 레스는 주목받기를 원하는 사람이
아니지만 넵튠이 워낙 인기를 끄는 바람에 어쩔 수 없이 나서야
하는지라, 아직도 이에 대해 투덜댄다고 한다.

넵튠이라는 이름은 바닷고기와 열대어를 취급하는 가족의
사업체에서 따왔으며, 대부분의 맥주에 바다와 관련된
설화에서 따온 이름을 붙였다.

그 가운데 모자이크는 이름값을 한다. 파파야와 패션프루트
향이 가볍고 매끈한 바디를 감싸고 넘쳐나는 가운데 높지 않는
도수가 그림을 완성한다. 모자이크는 내가 정말 좋아하는
맥주다.

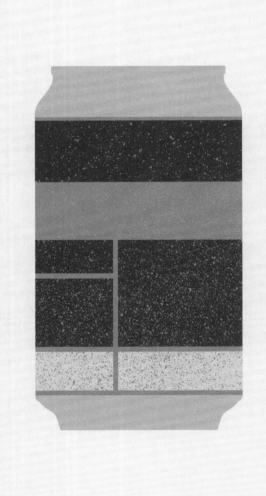

빅 스모크
콜드 스파크

Big Smoke Cold Spark

도수
3.8%

원산지
영국

이런 상황을 좋아한다면 마셔보자
친구들과 맥주 마시기

잘 어울리는 음식
마파두부

비슷한 추천 맥주
노마드 브루잉 컴퍼니Nomad Brewing Co.
버지 스머글러 페일 에일Budgy Smuggler
Pale Ale

5%, 호주

빅 스모크는 내가 사는 런던 남서 지역에서 멀리 떨어져
있지 않은 서비튼의 펍 앤털로프에서 시작됐다. 금방이라도
주저앉을 것 같은 설비에서 작은 기적처럼 맛있는 맥주를
빚어냈고, 앤털로프는 아직도 빅 스모크의 소유다. 맥주의
완성도에 격차가 있기도 했지만 전반적으로는 나쁘지 않았다.

그리고 시간이 흘러 빅 스모크는 홉이 두드러지는 맥주,
맛있는 진, 그리고 정말 빼어난 다크 비어를 내놓는다.
다만 선택의 폭이 아주 넓지는 않고 잘하는 것 위주로만
제품군을 유지하려고 한다. 게다가 가능하면 맥주를 술통에서
숙성시키려 하는 곳이다 보니 요즘의 브루어리답지 않아
마음까지 따뜻해지곤 한다.

최근 빅 스모크는 좀 더 외곽의, 수풀이 우거진 에셔에 확장
이전을 했고 꾸준히 인기 있는 펍도 운영하고 있으며 이 글을
쓰는 시점에 히드로 공항에도 바를 열었다. 덕분에 히드로
공항 2터미널을 지난다면 맛있는 맥주를 마실 수 있을 것이다.
맛없는 맥주가 잔뜩 들어찬 공항에서 정말 다행스러운 일이
아닐 수 없다.

콜드 스파크는 시트라 홉으로 빚은, 목 넘김이 좋은 맥주다.
밝고 짜릿한 시트러스 향과 그 속껍질의 쓴맛을 자랑하는
시트라 홉이라면 더 이상 바랄 나위가 없다.

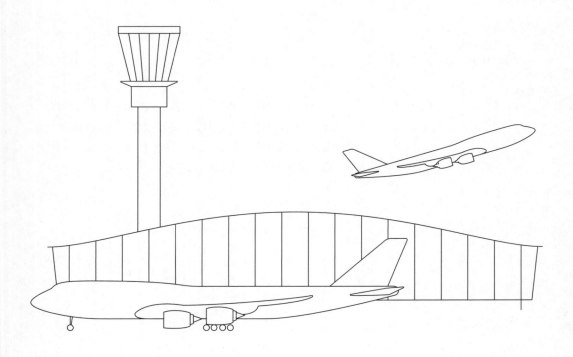

세컨드 시프트 브루잉 리틀 빅 홉

2nd Shift Brewing Little Big Hop

도수
4.9%

원산지
미국

이런 상황을 좋아한다면 마셔보자
역사 속 전투

잘 어울리는 음식
세인트폴샌드위치(미국식 중국 오믈렛인 부용단샌드위치-옮긴이)

비슷한 추천 맥주
에픽Epic 주스 파티 헤이지 페일 에일Joose Party Hazy Pale Ale
6.5%, 뉴질랜드

세컨드 시프트는 공동체를 소중히 여기며 끊임없이 나누고자 하는 이들이 운영하는 브루어리다. 게다가 공동 소유주인 리비 크리들러는 누군가의 눈치도 보지 않고 직설적으로 말하는, 내 취향의 여성이다. 그들의 맥주 또한 매우 맛있다. 공동 소유주 스티브 크리들러가 맥주를 사랑해 부업 삼아 일하면서 빚었다고 해서 세컨드 시프트라는 이름이 붙었다.

세션 뉴잉글랜드 IPA인 리틀 빅 홉은 어이가 없을 정도로 마시기 좋은 맥주다. 신선한 솔잎, 라임, 귤, 심지어 마지막에는 약간의 박하 향마저 끊임없이 밀려온다. 병 라벨의 홉이 너무 호전적으로 생기지 않았나 싶기도 하지만, 싸움에서는 절대 지지 않는 맥주다.

뽀할라
코스모스

Pohjala Kosmos

도수
5.5%

원산지
에스토니아

이런 식재료를 좋아한다면 마셔보자
열대 과일

잘 어울리는 음식
페타치즈

비슷한 추천 맥주
바운더리 브루잉Boundary Brewing
아메리칸 페일 에일 APA
3.5%, 영국

'열정적인 홈브루어와 맥주 애호가'는 이제 코미디 소재로 사용된다. 턱수염이 덥수룩한 남자들이 등장해 맥주에 대한 장광설을 늘어놓는다. 하지만 모든 풍자가 그렇듯 사실인 부분도 있지만 정말 이 과정을 밟은 이들에게는 조금 불공평한 느낌이다.

에스토니아의 수도 탈린은 어느 정도는 뽀할라 덕분에 맥주의 명소로 자리를 잡았다. 뽀할라는 2011년, 예상할 수 있듯 맥주 애호가이자 홈브루어 네 명이 설립했다. 엔 파렐, 피터 키크, 그렌 누오르메츠와 티트 파나넨이 시작했고 이후 스콧 크리스 필킹튼이 합류했다. 우리에게는 낯선 에스토니아의 민담을 진하게 느낄 수 있으므로, 나는 이들의 포레스트 시리즈를 강력하게 추천한다.

하지만 소량 생산하는 희귀 맥주만 언급해서 누군가를 괴롭힐 생각은 없으므로 코스모스를 소개하고자 한다. 뽀할라에서는 코스모스를 '은하 IPA'라고 소개하는데 과장이 아니다. 처음 마셨을 때 향만으로도 거의 우주를 느꼈으니까. 열대 과일의 향이 가득해 망고, 리치, 파인애플과 약간의 딸기 향이 계속 밀려든다. 크림처럼 풍성하게 느껴지는 꽉 찬 바디에 쓴맛이 균형을 잡아주니 마치 맛있는 셔벗을 먹는 기분이다.

홉의 마법

The Magic of Hops

맥주에서 내가 가장 싫어하는 표현은 '홉의 맛 같은(Hoppy)'이다. 여러분도 많이 들어봤거나, 맞는 말인지 궁금했을 것이다. "오, 홉 향이 난다"라든지 "홉의 마무리(Finish)를 느낄 수 있다"라는 말을 들으면 돌아버릴 것 같다. 이렇게 말하니 내가 좀 괴짜에다 현학적이라고 생각할 수 있겠지만, 설명해 보겠다.

'홉의 맛 같다'라는 표현은 게으른 만능 용어로, 비슷한 부류의 다른 표현과 마찬가지로 맥주 초보자의 발목을 붙잡는다. 왜 그럴까? 이 말은 어떤 뜻을 붙여도 되거나 아무 뜻도 없기 때문이다.

나는 세계 최고의 브루어들이 '홉의 맛 같은'이라는 표현을 쓰면 의미를 정확히 설명해달라고 요구한 적이 여러 번 있다. 하지만 아무도 만족스러운 대답을 해내지 못했다. 이렇게 따지고 묻는 건 좀 성가실 수 있지만 이와 더불어 가장 싫어하는 표현인 '맥아의 맛 같은(Malty)'에 대해서도 똑같이 적대적인 태도를 유지하는 건 매우 중요하다.

홉은 브루어에게 가장 강력한 원료 가운데 하나로, 맥주를 보호하고 안정시켜 준다. 또한 항산화 성분이 있어 맥주가 질리도록 달아지기 전에 쓴맛으로 균형을 잡아준다. 이 정도도 좋지만 홉으로 낼 수 있는 맛과 향은 아직 시작도 하지 않았다. 그래서 나는 그저 제자리만 맴도는 용어를 쓰는 걸 싫어한다.

책을 열면서 홉이라는 식물과 역사에 대해 간단히 살펴봤으니, 이제는 좀 더 깊게 들어가고자 한다. 왜 홉은 이다지도 멋진 식물일까? 다소 과학적인 이야기가 될 터이니 맥주를 준비하자!

홉 각각의
중요성

The Important Parts of Hops

홉의 각 부분은 맥주에 각각 다른 역할을 한다. 먼저 작은 꽃자루가 있다. 홉을 가지에 연결해주는 부위로 탄닌을 함유한다. 탄닌은 수렴성의 폴리페놀 생체분자로 입안이 마르고 당기는 듯한 느낌을 준다. 덜 익은 과일을 먹거나 아주 진하게 내린 차를 마셨을 때의 느낌 말이다.

포엽으로 옮겨가자. 포엽도 탄닌을 함유하고 있지만 그보다 홉에서 맛을 감싸주는 바깥 층 역할을 한다. 루풀린샘의 근원인 소포엽과 더불어 포엽에는 알파산, 베타산과 방향유의 형태로 쓴맛이 나는 화합물이 많다.

하지만 이런 성분은 수용성이 아니므로 자동으로 맥주에 스며드는 것은 아니다. 그래서 맥주를 끓여야 하는데, 이 과정에서 쓴맛이 나는 이소알파산을 만들어낸다고 해서 '이성질화'라고 일컫는다. 맞다, 귀띔한 것처럼 이제 본격적으로 과학 이야기가 나온다!

베타산은 좀 더 복잡하다. 시간과 산소에 따라 맥주에 미치는 영향이 달라지는데, 많이 알려지기는 했지만 쓴맛을 내준다는 것 외에는 아직 연구 중이다.

그리고 사람들이 가장 좋아하는 방향유가 있다. 방향유를 통해 맛과 향 화합물이 맥주에 스며들고 더 흥미로워진다.

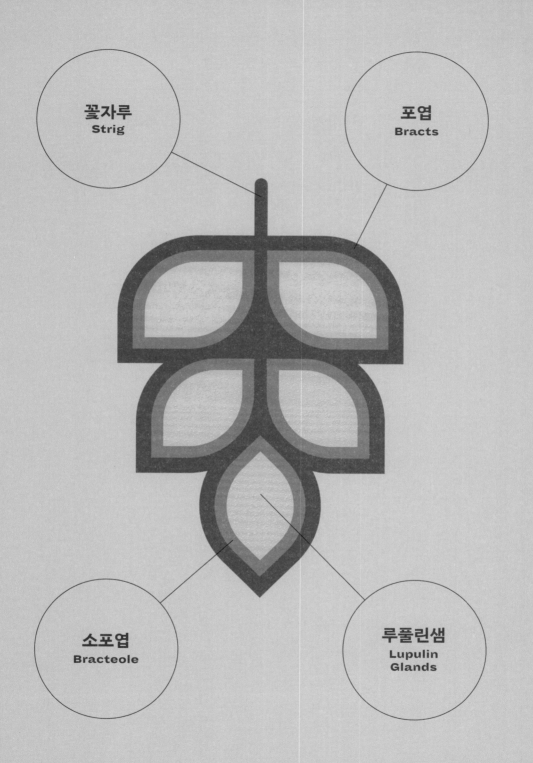

꽃자루
Strig

포엽
Bracts

소포엽
Bracteole

루풀린샘
Lupulin
Glands

홉에서 얻을 수 있는 주요 맛과 향 화합물

미르센 Myrcene
레몬그라스, 건초, 대마초, 망고와 타임

리날롤 Linalool
민트, 베르가모트, 자작나무, 자단목(Rosewood)

파르센느 Farsenene
생강, 카모마일, 자몽, 라임, 넛멕

제라니올 Geraniol
장미와 제라늄

후물렌 Humulene
고수씨, 바질, 정향, 흑후추, 세이지, 발삼

베타 핀넨 Beta Pinene
핀넨(Pinene)에서 알 수 있듯 솔(Pine)

카로필렌 Carophyllene
흑후추, 바질, 오레가노, 대마초

사람들이 맥주의 맛과 향에 관심을 많이 가지고 있으므로(페일 에일과 IPA가 가장 많이 팔리는 크래프트 맥주라는 사실이 방증이다), 과학도 빠르게 움직였다. 그래서 이제 홉 추출액이 그저 쓴맛을 자아내고 맥주를 안정시키는 역할만 하지 않는다는 걸 모두가 안다. 이런 발견이 맥주 양조, 맥주 시음에 많은 영향을 미쳤으며, 더 이상 잘못된 유리병에 맥주를 넣고 안정시키려 들지 않는다. 요령 하나. 신선한 맥주를 마실 수 있게 고안됐다는 녹색이나 투명한 유리병을 믿지 마라. 분명히 나쁜 냄새와 맛을 풍길 것이다.

이처럼 섬세한 홉의 향을 이산화탄소로 추출하는 요령부터 크라이오홉 (홉의 신선함을 지키기 위해 저온에서 급속 냉각한 뒤 자잘한 알갱이로 가공하는 방식)까지, 홉의 세계는 책을 따로 한 권 써야 할 정도로 많이 바뀌었다. 하지만 나보다 더 능력 있는 이가 이미 내놓았으니 나는 그럴 필요가 없을 것 같다.

따라서 맥주를 좀 더 알고 싶다면 스탠 히에로니무스가 쓴《홉의 사랑을 위해》를 추천한다. 그리고 이 책을 읽는다면 몰트, 효모, 물에 대한 책도 읽고 싶어질 것이다. 나처럼 맥주에 푹 빠져서 어쩔 수 없는 상황에 처할 테니까!

브라세리 뒤 그랑 파리 나이스 투 미트 유!

**Brasserie du Grand Paris
Nice to Meet You!**

도수
8.5%

원산지
프랑스

이런 술을 좋아한다면 마셔보자
릴레 리큐어

잘 어울리는 음식
훈제 연어알

비슷한 추천 맥주
콤판Kompaan 한드랑어 더블
IPAHandlanger DIPA
8.2%, 네덜란드

파브리스 르 고프와 안소니 바라프가 2011년에 설립한 브라세리 뒤 그랑 파리는 작은 사무실과 브라세리 드 라 발레 디 슈브뢰즈Brasserie de la Vallée de Chevreuse에서의 더부살이를 거쳐 생드니에 자리를 잡은 뒤 승승장구하고 있다. 생드니는 역사적으로 중요한 의미를 지닌 지역에 새로운 활기를 불어넣은 스타드 드 프랑스 축구장으로 잘 알려져 있다. 이 일대는 중세에는 비잔틴제국의 무역상과 장사꾼이 찾아오는 시장이 있어 중요한 상업 지구였다. 아마 에일을 마시지 않고는 거래도 이루어지지 않았으리라.

브라세리 뒤 그랑 파리의 복고풍 미술 사조는 매우 눈에 띄는데, 맥주를 라벨 색깔로 분류하는 프랑스의 전통에 반한다. 그저 '블롱드Blonde', '브륀Brune'이라고만 써 붙이는 대신, 소비자가 어떤 맥주를 사는지 알 수 있도록 분명한 테이스팅 노트를 제공한다. 그레이엄 크래커처럼 바라프가 미국 영향을 받은 노트도 적혀 있어서 영국인인 나는 가끔 그저 머리를 긁적일 뿐이다.

이처럼 다양한 문화에서 영향을 받은 레퍼런스를 쓰지만 브라세리 뒤 그랑 파리의 맥주는 매우 깔끔하다. 특히 나이스 투 미트 유는 균형이 잘 잡힌 더블 IPA로, 홉을 꽉꽉 채워서 라벨에 그려진 탱크처럼 입안 가득히 열대 과일의 향을 깔아준 뒤 시트러스 속껍질의 강렬한 쓴맛을 남긴다.
너무 맛있어서 나처럼 말에 서툰 이조차 '트레 비앙Très
Bien(너무 좋다)!'이라고 감탄사를 연발하게 된다.

나이스 투 미트 유는 오드리 헵번 스타일의 큰 선글라스를 쓰고
길거리 카페에 앉아 천천히 한 모금씩 음미하기 좋은 맥주다.
잔에 맺힌 물방울이 천천히 흘러내리는 가운데 바쁜 파리
사람들이 바쁘게 오가는 광경을 바라보면서.

투 버즈
밴텀 IPA

Two Birds Bantam IPA

도수
4.7%

원산지
호주

이런 음료를 좋아한다면 마셔보자
롱아일랜드 아이스티

잘 어울리는 음식
스테이크

비슷한 추천 맥주
듀벨Duvel 트리펠 홉Tripel Hop
9.5%, 벨기에

줄곧 이 용기 있는 여성들의 활동을 지켜본 터라 2014년 드디어 브루어리를 차렸을 때 너무 기뻤다. 이후 그들은 계속 승승장구했다. 투 버즈 브루어리의 제인 루이스와 다니엘 앨런은 어린 시절부터 알고 지냈으며, 미국 서부로 2주 동안 맥주 여행을 다니면서 같이 사업을 하기로 결심했다.

투 버즈는 호주(그리고 영국)의 여성을 의미하는 은어에서 따온 이름이지만 단순히 거기에서 그치지 않는다. 두 사람은 맥주계에 확실히 자리를 잡고, 너무나도 마땅하게 자신들의 능력을 확실하게 보여주고 있다.

밴텀은 내가 가장 좋아하는 투 버즈의 맥주로 도수와 쓴맛은 절제하되 열대 과일의 향과 씁쓸한 마무리는 확실한 풀 바디 IPA다. 밴텀은 이름처럼 체급 이상의 펀치를 날리는 맥주다.

브라세리
드 라 센느
잠브 드 부아

Brasserie de la Senne Jambe de Bois

도수
8%

원산지
벨기에

이런 술을 좋아한다면 마셔보자
베르무트

잘 어울리는 음식
샤퀴테리

비슷한 추천 맥주
라 트라페La Trappe 트리펠Tripel
8%, 네덜란드

진지하게, 나는 매일매일 이 브루어리에 대한 애정과 사랑을 글로 쓸 수 있다. 내가 마셔본 이들의 맥주는 모두 맛있었다. 공동 소유주인 이반 드 바에츠가 전 세계적으로 존경과 사랑을 받는 데는 다 이유가 있다. 드 바에츠와 사업파트너 버나드 르부크는 2002년 5월에 만났다. 다음 해 그들은 신트피터스 모리아우 브루어리Sint-Pieter Moriau brewery에 있는 창고 자리에 소규모 브루어리를 차려 '신트피터스 브루어리'라 이름 붙였다. 전통과는 거리가 먼 두 남자가 차린 전통적인 벨기에 상호라 무척 재미있다.

신트피터스에서 2년 동안 맥주를 빚으면서 성공을 거둬 브루어리가 좁아지자 두 사람은 브루어리를 새롭게 차리고 그들의 향수를 반영해 브라세리 드 라 센느라 이름 붙였다. 두 사람의 예상보다 훨씬 긴 시간이 걸렸지만 그동안 다른 브루어리의 공간을 빌려 맥주를 빚으며 품질을 관리했다. 2010년, 드디어 브루어리가 완공됐고 나는 한창 공사 중일 때 그곳을 찾았다. 나는 '발효 대성당'이라 이름 붙인 스테인드글라스가 붙은 방이 특히 좋았다.

오늘날 이들은 최첨단 건물에 입주해 양조 과정을 완전히 유기농으로 전환하고 있다. 양조 과정에서 낭비를 줄이고 할 수 있는 최대한으로 친환경적이 되는 것이다. 어떻게 변화를 꾀하든 이들의 맥주에서는 균형 잡힌 쓴맛을 맛볼 수 있으니, 잠브 드 부아가 대표적인 예다. 트리펠 스타일치고 쓴맛이 강해 놀랄 수도 있지만 그게 바로 잠브 드 부아의 치명적인 매력이다. 트리펠에서 기대할 수 있는 인동덩굴의 향으로 시작해 아주 드라이한 피니시가 돋보이는 가운데 목을 타고 내려가는 쓴맛 덕분에 게걸스럽게 더 마시고 싶어진다. 하지만 도수가 높으니 마음 놓고 마시다가는 이름(목발이라는 뜻-옮긴이)처럼 다리가 풀릴 수도 있다.

영 헨리스
뉴타우너

Young Henry's Newtowner

도수
4.8%

원산지
호주

이런 상황을 좋아한다면 마셔보자
바에서 춤 추기

잘 어울리는 것
라이브 음악

비슷한 추천 맥주
필터Philter 엑스트라 페일 에일XPA
4.2%, 호주

영 헨리스는 호주의 터줏대감으로 시드니라는 도시의
일부이자 내가 가장 좋아하는 훌리건인 리처드 애덤슨이
운영하는 브루어리다. 영 헨리스는 맥주 산업에서 가장 중요한
친환경적 움직임을 취했고, 해조류로 이산화탄소를 포집해
산소로 되돌린다. 시드니 공과대학의 기후 변화 연구대학의
과학자들과 협업해 좀 더 탄소중립적인 맥주 양조를 이끌어
내고자 노력하는 곳이다.

이해를 돕고자 설명하자면 여섯 캔짜리 맥주의 발효에서
나오는 이산화탄소를 나무가 흡수하는 데 2일이 걸리는 반면,
영 헨리스의 생물 반응기는 호주 삼림 1헥타르 분량의 산소를
생산한다.

뉴타우너는 땀냄새 나는 바에서 신나게 춤을 춘 뒤
라거만큼이나 갈증을 덜어주는 맥주다. 하지만 라거와는 달리
홉의 열대 과일 향과 달콤한 몰트의 바디가 잘 받쳐줘 훨씬
흥미롭다. 세션 맥주로는 최고다.

맥주망고셔벗

NEIPA Mango Sorbet

분량 | **1L**

재료
망고 잘 익은 것 2개
백설탕 125g
뉴잉글랜드 IPA 120ml
물 120ml
라임즙 1개 분량

뉴잉글랜드 IPA는 유행을 타는 맥주 스타일이다. 쓴맛은 적고 홉은 두드러져서 의견이 나뉘는 가운데 점점 더 인기를 얻고 있다. 문제는 홉을 엄청나게 많이 써야 하므로 완성도를 지킬 수 있는 수단과 기술을 갖춘 브루어리가 적다는 점이다. 그래서 이 레시피는 맥주 자체만 설명하고 브랜드는 언급하지 않겠다.

뉴잉글랜드 IPA는 호불호가 나뉘지만, 어쨌거나 사라지지는 않을 것이며 잘 만들면 매우 맛있다. 쓴맛은 적고 과일 맛은 두드러지니 셔벗을 만들기에 제격이다.

엄청나게 과일 향이 풍기는 맥주를 찾고 싶다면 결국 망고, 리치, 파인애플, 살구, 그리고 온갖 종류의 핵과核果 향이 나는 뉴잉글랜드 IPA를 고르게 될 것이다. 대신 테레빈유나 디젤유, 솔향을 스쳐 지나가는 정도로 품고 있는 맥주는 셔벗의 맛을 떨어뜨리니 피하자. 먹는 사람이 좋다면야 상관없지만 내 취향은 아니다.

1 망고는 껍질을 벗기고 과육을 발라낸다.

2 뉴잉글랜드 IPA를 제외한 모든 재료를 블렌더에 넣고 간 뒤 뉴잉글랜드 IPA를 넣고 잘 섞는다. 아주 매끄러운 셔벗을 만들고 싶다면 고운 체에 내리고 신경 쓰지 않는다면 그냥 만든다.

3 2를 아이스크림 제조기에 넣고 셔벗을 만든다. 아니면 밀폐 용기에 담아 냉동실에 넣고 꽁꽁 얼 때까지 30분에 한 번씩 포크로 긁어준다.

맥주
자몽비네그레트

IPA and Grapefruit Vinaigrette

분량 │ **500ml**

재료

시트러스 향 IPA 50ml

허니머스터드 50ml

자몽즙 50ml

달걀노른자 1개

백설탕 1작은술

포도씨유 250ml

바닷소금 약간

후추 약간

어떤 샐러드에나 잘 어울리는 간단한 드레싱이지만 나는
타불레(중동식 채소샐러드-옮긴이) 같은 따뜻한 곡물샐러드에
버무려 살짝 삶은 생선이나 짭짤한 할루미치즈와 함께 먹는 걸
좋아한다.

1 모든 재료를 깨끗한 병에 담고 뚜껑을 꼭 덮은 뒤 유화가 될
   때까지 흔든다.

* 뚜껑을 꼭 덮고 드레싱을 흔들라고 말하는데 이유가 있다. 어린 시절
아일랜드드레싱을 만들다 경험한 일 때문이다. 아빠가 뚜껑을 잘 닫지
않고 병을 흔들어서 3년이 지난 뒤에도 부엌에서 드레싱 얼룩을 발견하곤
했다.

4

레드, 앰버,
브라운 에일

Red, Amber
and Brown

브라운 에일은 평판이 너무 나쁘다. 못된 사람들이 브라운 에일을 '연약한 맥주' '노인네 맥주' '따뜻하고 납작한 맛의 맥주'라고 부른다. 브라운 에일의 섬세함을 이해하지 못해서 그러는 것이니 일단 의욕을 북돋아주고 시작하자. "안녕하세요. 저는 멜리사고 브라운 에일을 좋아합니다." 이렇게 확실히 나의 사랑을 밝혔으니 소개를 시작하자. 나는 빵의 향을 풍기는 고소한 바디에 살짝 건초 향이 나는, 그리고 균형 잡혀 살짝 쓰지만 '아, 좀 더 마시고 싶다'라는 생각이 드는 잉글리시 비터를 좋아한다. 이제껏 마셔본 맥주 가운데 가장 인상 깊은 것을 꼽자면 술통에서 처음 꺼낸 바탐스 베스트 비터였다고 말할 수 있을 정도다. 하지만 여기서는 비터만 이야기하지 않는다. 나는 선이 굵고 베리와 시트러스 향이 풍성한 임페리얼 레드 에일도 좋아한다. 미국 홉을 꽉꽉 채워 넣고 마무리에 홉의 쓴맛이 한 방 날려주는 맥주, 비어 리퍼블릭의 레드로켓 같은 것 말이다. 그러나 때로 레드와 브라운 중간의 앰버 에일도 마시고 싶다. 상쾌한 쓴맛을 지녔지만 IPA 애호가들이 좋아하는 야단스러운 홉의 느낌도 나는, 와이퍼앤트루의 앰버 에일 같은 맥주 말이다. 아무쪼록 무시당하기 일쑤인 맥주에도 관심을 가져주면 좋겠다.

앤스파크
앤 홉데이
오디너리 비터

Anspach & Hobday Ordinary Bitter

도수
4%

원산지
영국

이런 상황을 좋아한다면 마셔보자
적당한 펍에서 맥주를 마실 때

잘 어울리는 음료
한 잔 더!

비슷한 추천 맥주
베이트먼스Batemans 트리플 XB^{XXX}B
4.8%, 영국

10년 전 내 첫 책 출간 행사에 찾아왔던 두 명의 예민한 남자들이 오늘날 떠오르는 맥주 제국인 앤스파크 앤 홉데이를 설립했다니 믿기지 않는다. 폴 앤스파크와 잭 홉데이(그렇다, 두 사람의 이름은 악당과 무뢰한의 악행을 저지하는 빅토리아 시대의 탐정 같다)는 놀랍도록 전통적일 뿐 아니라 빼어나도록 혁신적인 맥주를 내놓으며 쉬지 않고 일해 오늘날의 자리에 왔다.

맥주계가 홉에 집착해 최대한 강하고 쓴 IPA를 내놓으려고 경쟁을 펼칠 때 앤스파크 앤 홉데이는 대표 맥주인 런던 포터를 내놓았다. 앞서 말한, 그들과 처음 만난 행사에서 런던 포터를 마시고 놀랐던 기억이 선명한데 이후 레시피는 거의 변하지 않았다.

흥미롭게도 영국의 맥주 시장이 좀 더 전통적인 스타일로 회귀하는 가운데, 세계는 다시 세션 성향이 강한 맥주로 눈길을 돌리기 시작했다. 덕분에 이들의 오디너리 비터가 다시 주목을 받게 됐다. '오디너리 비터Ordinary Bitter'라는 이름을 들으면 웃음을 터뜨리지 않을 수 없다. 내가 처음 영국 맥주계에 합류했을 때 가장 유명한 인물이었던 존 영의 성질을 건드리는 표현이기 때문이다. 존은 런던에 자리 잡은 양조제국 영스Young's의 수장으로, 독특하고 괴팍하며 매력적이고 똑똑한

사람이었다. 슬프게도 그는 회사가 해체되고 양조 부문이
팔리고 난 뒤 얼마 지나지 않아 세상을 떠났다.

어쨌든, 존은 누구라도 자기네 페일 에일(많은 구세대 펍
지배인들이 기억하고 있는)이 '오디너리(평범하다)'하다고
말하면 분개했다. 잉글랜드 상류층 특유의 악센트로
"내 맥주는 평범함과 거리가 멀어요. 감사합니다"라고
으르렁대곤 했다. 이 반응을 접하고 나면 다시는 그의 맥주를
평범하다고 일컫는 실수를 하지 않게 된다.

다시 앤스파크 앤 홉데이의 맛있는 맥주 이야기를 해보자. 굳이
따지자면 오디너리 비터는 영스보다 풀러스의 맥주와 닮았다.
빵의 향을 풍기는 풍성한 맥아의 배경에 놀랍도록 절제된 미국
홉의 쓰임새가 말이다. 덕분에 자몽 대신 천수국을, 알싸한
향신료 대신 따스한 흑후추의 향을 느낄 수 있다. 세션 비터에
바라는, '첫 모금에 절반가량 들이켤 수 있는' 맥주다. 솔직히
말하면 오디너리 비터는 맥주계의 프링글스 같다. 일단 캔을
따면 멈출 수가 없으니까.

더 월 브루어리
샤오바르 비요르

The Wall Brewery Sjavár Bjór

도수
5.2%

원산지
이탈리아

이런 음식을 좋아한다면 마셔보자
솔트캐러멜

잘 어울리는 음식
돼지고기와 엔두야(이탈리아 남부
칼라브리아 지방의 매콤한 소시지–
옮긴이)미트볼

비슷한 추천 맥주
리틀 크리처스Little Creatures
로저스Rogers
3.8%, 호주

이탈리아 맥주는 내가 처음 접했을 때와 비하면 비약적으로
발전하고 있다. 오랫동안 잠재력을 품고 있었지만, 전국에
100곳의 브루어리를 갖추기 시작한 지도 얼마 되지 않았다.

더 월 브루어리는 매우 훌륭한 아메리칸 앰버 에일인 앰버
그라운드를 빚는 소규모 브루어리인 비리피치오 아르고와
협력해 샤오바르 비요르를 내놓았다. 생산은 규모가 더 큰
더 월이 맡는다.

샤오바르 비요르는 솔트캐러멜을 닮은 맥주로 맛에 익숙해지는
데는 시간이 좀 걸린다. 병입 전 첨가한 바닷소금 덕분에
맥주의 맥아 바디에서 느낄 수 있는 캐러멜 향이 좀 더
진해지니, 섬세한 홉 향 또한 좀 더 밝아진다. 덕분에 생각보다
빨리 병을 비우는 스스로를 발견할 수 있을 것이다.

래스컬스
빅 홉 레드

Rascal's Big Hop Red

도수
5%

원산지
아일랜드

이런 술을 좋아한다면 마셔보자
가벼운 이탈리안 레드 에일

잘 어울리는 음식
리구리아 지방의 올리브

비슷한 추천 맥주
옐로 벨리Yellow Belly 레드 누아르Red Noir
4.5%, 아일랜드

래스컬(악동)은 가장 멋진 단어 가운데 하나이고, 그 단어를
상호에 쓰는 래스컬스 또한 아일랜드 해변에서 가장 빼어난
맥주를 빚는다. 말하자면 죽이 잘 맞는 조합인 것이다.

장난기 있게 삐딱해지고 싶다는 차원에서 빅 홉 레드는
래스컬스의 사업 방식을 에둘러 말해준다. 소셜미디어를
통한 홍보와 거의 다이브 바 분위기를 풍기는 피체리아와
브루어리도 이곳의 특징을 잘 보여준다.

래스컬스의 맥주는 정말 훌륭하고 이들은 심각하게 맥주를
빚지 않는다. 아마 공동 소유주인 에마 데블린과 케탈
오도나휴가 뉴질랜드 여행에서 깨달은 바가 있는 것 같다.
여행에서 돌아와서는 하던 일을 접고 더블린 인치코어의
집에서 브루어리를 차렸으니까.

래스컬스의 맥주에는 맥주광만의 표현도, 복잡한 전문 용어도
동원되지 않는다. 그저 단순한 애정의 언어만을 맛볼 수
있다. 양키 화이트 IPA도 워낙 좋아하는지라 하나만 고르기가
어려운데, 그래도 선 굵은 베리와 거의 유칼립투스에 가까운
솔향기가 두드러지는 빅 홉 레드가 더 좋다.

배그비 비어 스리 비글스 브라운

Bagby Beer Three Beagles Brown

도수
5.6%

원산지
미국

이런 술을 좋아한다면 마셔보자
영국 마일드 에일

잘 어울리는 음식
고전적인 핫도그

비슷한 추천 맥주
에일스미스AleSmith 넛 브라운 에일Nut Brown Ale
5%, 미국

공동 소유주이자 브루어인 제프 배그비는 미국에서도 몇 안 되는, 영국식 맥주 양조를 본능적으로 이해하는 사람이다. 섬세하고 복잡한 맛을 조화시킨 그들의 맥주도 좋아하지만, 오션비치에 있는 그들의 브루어리는 꼭 방문하고 싶은 곳 가운데 하나다.

제프의 사업파트너이자 아내인 댄디는 좋아하는 개의 품종인 비글을 맥주 이름에 붙였다. 스리 비글스는 사랑스럽고 드라이하며 마시기 좋은 브라운 에일로 토피와 다크초콜릿과 베리 향에 약간의 오렌지 리큐어 향을 풍긴다.

맛있다고 아무 생각 없이 마시다가는 세 번째 파인트의 절반쯤에서 강렬한 도수를 깨닫게 될 것이다.

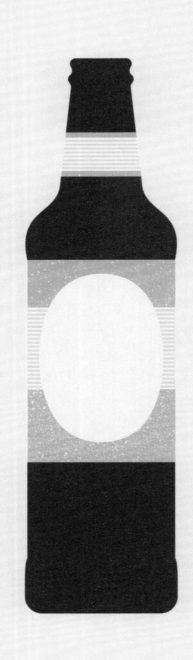

풀러스
1845

Fuller's 1845

도수
6.3%

원산지
영국

이런 음식을 좋아한다면 마셔보자
몰트로프(몰트 추출액을 넣고 구운
스코틀랜드의 빵-옮긴이)

잘 어울리는 음식
웬슬리데일치즈

비슷한 추천 맥주
캠브리지 브루잉 컴퍼니Cambridge
Brewing Co. 아쿼버스Arquebus
14%, 미국

풀러스는 이제 대기업 아사히의 소유지만 1845만큼은 병입
후 숙성 예술의 걸작으로 남아 있다. 풀러스 브루어리 설립
150주년을 기념하기 위해 내놓았다가 너무 인기가 많아
자리를 잡은 1845는 병입 후 100일 동안 숙성시켜 출시한다.
캔에 담긴 채로 폭발하는, 과일 향 넘치는 맥주를 내놓는
브루어리에서 교훈을 삼아야 할 것이다.

병입 후 숙성이란 말 그대로 병에 담긴 채로 두 번째 발효가
일어난다는 것을 의미하는데, 도수가 높아지지는 않고 맛은
한층 복잡해진다. 또한 병입 과정에서 쌓인 산소를 소비하므로
더 오랫동안 보관할 수 있다.

1845는 병에 담긴 과일 케이크와 같기 때문에 향을 완전히
즐길 수 있도록 둥근 어항처럼 생긴 잔에 따라 마시면 좋다.
건포도와 건자두, 그리고 살구가 부드러운 빵의 향을 지닌 앰버
맥아에 합류하고, 전통적인 골딩 홉에서 느낄 수 있는 생생한
건초 향도 느낄 수 있다.

맥주에서 맥아가 중요한 이유

More About Malt and Why It Matters

적절한 맥아의 맛과 향을 내는 맥주가 유행이라니 무척 신선하다. 크래프트 맥주도 인간으로 치면 변성기를 거치는 느낌이랄까? 한때는 모두가 요란뻑적지근하지만 그래도 맛은 있는 트리플 IPA에 손을 댔으며, 표정이 일그러질 정도의 사워 맥주나 실연이라도 하고 빚은 것 같은 블루베리 잼 크로넛 초콜릿 흑맥주를 연속으로 내놓기도 했다. 하지만 지금은 모두 균형 잡히고 편안해 기댈 수 있는 맥주를 찾는다. 평생 마셔도 질리지 않는 맥주 말이다.

억지로 쥐어짜낸 것 같은 10대와 성인의 삶에 대한 비유는 일단 접어두고 맥아 이야기를 좀 더 하자. 맥아는 문자 그대로 인류 문명이 시작되기 전부터 맥주 양조에 중요한 원료였다. 사실 곡물 없이는 문명도 없었을 것이다.

인류가 곡물이 자라는 땅을 찾아 유목 생활을 접고 경작을 시작했다는 고고학적 근거가 속속들이 발견되고 있다. 일단 정착을 시작한 후에는 협력하는 한편 의견의 불일치를 이성적인 방식으로 해결하려 노력했다.

사실 인간이 알코올을 좋아하는 성향은 타고났거나, 아예 유전자에 새겨져 있을 가능성이 매우 높다. 인간이 나무를 흔들어 채집으로 먹고 살았던 시절, 발효된 과일이 땅에 떨어지면 향이 너무 좋은 나머지 주워 먹었을 것이다. 부패(궁극적으로는 발효)된 과일은 향이 훨씬 강한 한편 소화가 잘되며 꾸준히 먹을 수 있는 열량의 섭취원이었으니 경쟁에서 앞설 수 있는 음식이자 에너지 역할을 했다.

2017년 2월, 〈내셔널 지오그래픽〉에서 '인류가 9천 년 동안 사랑해온 술'이라는 흥미로운 기사를 내놓았다. 인간이 어떻게 유전적으로 알코올을 좋아하게 됐는지를 밝힌 글로, 아프리카 원숭이와 우리 인간의 공통 조상에게

매우 중요한 유전자 변이가 일어났다는 내용이었다. 유전학자들이 밝혀낸 바에 의하면 무려 1천만 년 전에 벌어진 유전자 변이 덕분에 인류의 조상은 에탄올을 이전보다 40배나 빨리 처리할 수 있게 됐다. 에너지원으로서 알코올의 중요성을 뒷받침하는 발견이었다.

알코올의 사회적인 역할만 따져도 풍성한 역사를 찾을 수 있다. 가장 이른 알코올의 흔적은 중국 지아후에서 발견한 기원전 7천 년 전의 항아리다. 당시 농부들은 쌀, 포도, 산사와 꿀을 진흙으로 빚은 항아리에 담아 발효시켰다. 오늘날로 치면 가정용 양조 키트인 셈이다. 이런 알코올의 사회적인 역할과 여분을 처리하려는 시도에 대해 몇 쪽 더 할애할 수 있지만 다시 맥아로 돌아가자.

앞에서 살펴봤듯 맥아는 맥주 양조 과정에서 매우 중요하다. 술의 잠재력을 지닌 원료로서 전분을 당으로, 이어 효모에 의해 알코올로 바꿀 수 있는 효소를 지니고 있기 때문이다. 발아시켜 술에 쓰기 위한 보리는 해안가에서 잘 자라니 덕분에 영국이 세계 최고 가운데 하나, 아니 최고의 맥아 생산국이 됐다.

맥아를 배조 및 건조하는 과정은 맥주마다 다를 수 있다. 여전히 바닥에 보리를 깔고 손으로 헤쳐가며 발아시키는 전통적인 맥아 제조가도 있다. 전통적인 과정은 맥아를 온화하게 다룸으로써 더 나은 품질의 진정한 장인의 결과물이 나온다고 믿는 이들도 있다. 또 다른 제조가들은 거대한 공업용 건조기 같은 드럼에 정확한 습도 및 열을 가해 일관적인 맥아를 생산해낸다. 나는 맥주 마시기에 바빠서 둘 중 어느 게 더 낫다고 말할 생각이 없다!

맥주에 가장 많이 쓰는 곡물은 보리와 밀이지만 귀리, 호밀, 스펠트밀, 수수, 옥수수 등도 사용한다. 몰팅, 즉 발아의 핵심은 효소의 잠재력을 최대한 끌어내는 것이다. 그래서 맥주의 바탕을 이루는 발아 곡식의 수분, pH, 그리고 온도의 최적점을 맞춘다. 최적점에 이르면 맥아 제조가는 보리가 발효의 잠재력인 당을 배출할 수 있도록 몰팅 과정을 멈춘다. 그리고 이 몰팅의 결과물을 놓고 브루어는 술을 빚었을 때 효모로 인해 도수가 얼마나 높아질지 가늠할 수 있게 된다.

**고대 아테네의 시인 으불로의 희극에 의하면
술의 신 디오니소스는 다음과 같이 경고했다고 한다.**

나는 지혜로운 이들을 위해 크라테르 세 점에 술과 물을
섞었다.

건강을 위해 첫 번째 크라테르를 먼저 마셔라.

두 번째 크라테르는 사랑과 쾌락을 위한 것이니라.

세 번째 크라테르는 잠을 위한 것이니, 현명한 이들은 이걸
마시고 집으로 향할 것이니라.

네 번째 크라테르는 우리를 위한 것이 아니라 자만심을 위한
것이니라.

다섯 번째 크라테르를 마시면 소리를 고래고래 지를 것이니라.

여섯 번째 크라테르를 마시면 취하게 될 것이니라.

일곱 번째 크라테르를 마시면 눈이 멀 것이니라.

여덟 번째 크라테르를 마시면 주절주절 말이 많아질 것이니라.

아홉 번째 크라테르는 독이 될 것이니라.

열 번째 크라테르를 마시면 미쳐서 물건을 집어 던지게 될
것이니라.

노스 엔드 브루잉 앰버

North End Brewing Amber

도수
4.4%

원산지
뉴질랜드

이런 음식을 좋아한다면 마셔보자
마멀레이드

잘 어울리는 음식
매콤한 돼지등갈비

비슷한 추천 맥주
요펜Jopen 야코부스 RPAJacobus RPA
5.5%, 네덜란드

브루어 키어란 하슬렛무어는 맥주에 진지한 열정을 품고 있다. 주류 판매점에 맥주를 매입하는 일을 했던 그는 양조 쪽으로 넘어간 이후 계속 팬을 끌어모으고 있다. 소수만이 누릴 수 있는 성공이다.

나는 운 좋게도 키어란과 양조 행사를 주최한 적이 있는데, 세상을 떠난 그의 할아버지의 땅에서 재료를 채집하며 그와 함께 맥주에 대한 잡담을 나누면서 앰버를 마셨다. 정말 좋은 시간이었다. 아무래도 마시기 편한 맥주이기도 하고 대화 또한 잘 흘러가서 계속 마셨다. 특히 당화조를 휘젓고 난 다음에는 더 맛있다!

이 맥주는 미국과 영국의 비터 스타일에서 영향을 받았지만 홉 덕분에 뉴질랜드의 독특함을 품고 있다. 캐러멜화된 마멀레이드와 호밀빵의 향이 아름답게 어우러진 가운데 타임과 라임 껍질의 느낌도 살짝 풍긴다. 매우 신선한 느낌의 맥주다.

텍셀스 복

Texels Bock

도수
7%

원산지
네덜란드

이런 술을 좋아한다면 마셔보자
올로로소 셰리

잘 어울리는 음식
훈제 돼지정강이와 으깬 감자

비슷한 추천 맥주
아잉거Ayinger 셀러브레이터
도펠복Celebrator Doppelbock
6.7%, 독일

네덜란드 북쪽에는 양과 인간의 비율이 3:1인 섬이 있는데, 놀랍게도 그 섬에 있는 브루어리에서 대표 맥주를 빚기 위한 두 번째 양조 시설을 곧 개장한다고 한다. 이게 성공이 아니면 무엇일까?

텍셀스 브루어리는 열정이 넘치는 곳이다. 홍보 담당이자 브랜드 그 자체인 것처럼 행동하는 거구 한드 슬란도르프부터 원료 입수, 지역 경제를 지원하는 운영 방식까지 빠짐없이 그렇다.

텍셀스 복은 기술적으로 분류하자면 라거지만 풍성함 덕분에 도수 높은 에일에 가깝다. 일단 붉은 기가 도는 진한 호박색이 눈에 확 들어오는데, 그것만 보더라도 제맛을 즐기려면 레드 와인 잔에 따라야 한다는 생각이 든다. 코에 가져다 대면 선 굵은 알코올, 건포도, 말린 자두의 올로로소 셰리 향이 오렌지 껍질과 함께 지나간다. 그리고 상쾌한 탄산 덕분에 복잡미묘한 동시에 위험할 정도로 계속 마시고 싶어지는 맥주다.

한편 유럽에서 가장 큰 규모의 더치 복 비어 축제가 암스테르담에서 열린다는 것도 기억해둘 필요가 있다. 한 종류의 맥주만으로 유럽에서 가장 큰 규모의 축제를 벌이다니, 네덜란드인을 사랑하지 않을 수 없다

시에라 네바다 토피도 엑스트라 IPA

Sierra Nevada Torpedo Extra IPA

도수
7.2%

원산지
미국

이런 술을 좋아한다면 마셔보자
시에라 네바다 페일 에일

잘 어울리는 음식
천천히 조린 양어깨고기

비슷한 추천 맥주
파이레이트 라이프Pirate Life IPA
6.8%, 호주

맥주 책에서 참된 선구자이자 훌륭한 브루어리인 시에라 네바다를 이야기하지 않을 수 없다. 이제 두 군데로 나뉘어 운영되는 시에라 네바다는 여전히 가족 경영 체제로 운영되고 있으며 기업 가치는 조 단위에 이른다.

하지만 단순한 기업 가치로는 훌륭한 맥주를 부활시킨 시에라 네바다의 공로를 다 말할 수 없다. 사내 보육 시설부터 지속가능성에 대한 투자까지, 시에라 네바다의 사업 모델은 모두의 귀감이 돼 마땅하다.

토피도는 시에라 네바다의 붙박이 맥주로 7.2%의 도수치고는 엄청나게 잘 넘어간다. 파인애플과 자몽의 향에 쫄깃한 캐러멜의 바디를 지니고 있어 맥주를 음미하며 천천히 마시지 않으면 금방 취할 수 있으니 조심하자!

위에리게
알트비어
클래식

Uerige Altbier Classic

도수
4.7%

원산지
독일

이런 음식을 좋아한다면 마셔보자
브레첼

잘 어울리는 음식
브레첼과 치즈소스

비슷한 추천 맥주
둑슈타인Duckstein 알트비어Altbier
3.7%, 호주

나는 알트비어의 엄청난 팬이다. 얼마나 좋아하는지 우리 동네 브루어리에 알트비어를 다시 판매해달라고 성가시게 조르고 있다. 슬프게도 런던에서 알트비어를 사랑하는 사람은 나밖에 없는 것 같다. 이처럼 훌륭한 알트비어를 마시며 위안을 삼을 수 있다니 그래도 다행이다.

독일에서는 병입 후 숙성을 시키는 맥주를 찾기가 어렵다. 통상적인 방식으로 맥주를 빚은 뒤 병째로 2차 발효를 시키는데 효모는 맥주에 남아 있는 것을 쓰거나 새롭게 주입시킨다. 이 과정을 통해 첫째, 발효를 통해 병의 과잉 산소를 소비하므로 맥주의 신선도를 오래 유지할 수 있다. 둘째, 탄산이 한층 부드러워지는 한편 덤으로 맛도 더 섬세해진다.

이 고전적인 맥주는 아마 독일에서 생산 중인 알트비어 가운데 맛이 가장 생생하고 풍성할 것이다. 가벼운 생강 향 다음으로 풍성하고 부드러운 브레첼 향이 지나가며 마지막에는 기쁨에 젖어 혀를 찰 수 있는 후추의 향이 난다.

앵커
스팀 비어

Anchor Steam Beer

도수
4.9%

원산지
미국

이런 음식을 좋아한다면 마셔보자
금방 구워낸 마멀레이드를 바른 빵

잘 어울리는 음식
미션(샌프란시스코의 지구–옮긴이)식
부리토

비슷한 추천 맥주
해머튼Hammerton 이즐링턴 스팀
라거Islington Steam Lager
4.7%, 영국

샌프란시스코의 앵커 브루잉에 대해서는 할 이야기가 많다. 물론 그 가운데 1965년부터 2010년까지 브루어리를 소유했던, 미국 크래프트 맥주의 전설이자 선조인 프리츠 메이택의 이야기를 빼놓을 수 없다.

메이택이라는 성이 낯익다면 아마도 최초의 현대 세탁기를 발명한 가문이기 때문일 것이다. 당시 25세였던 프리츠는 브루어리의 세가 기울자 자신이 물려받은 재산 대부분을 쏟아 브루어리를 다시 일으키기 위해 애썼다. 주가가 하락세였던 1960년대에 그는 가문을 실망시키면서까지 보유 주식의 대부분을 브루어리를 살리는 데 썼다. 종내에는 앵커를 고급 브랜드로 자리매김하려는 그의 시도가 성공했고, 곧 미국 맥주의 상징으로 자리를 잡았다.

캘리포니아 커먼이라고도 알려진 이 맥주를 왜 '스팀 비어'라 부르는지는 추측과 전설이 난무하지만 모두 정확하지 않다. 하지만 스팀 비어가 독일의 알트비어에서 가지를 쳤다는 사실만큼은 부정할 수 없다. 풍성한 맥아의 바디만 봐도 알 수 있다. 미국에서 자라는 노던브루어 홉이 거의 균형이 안 맞을 정도의 오렌지 껍질의 한 방과 더불어 쐐기풀의 향, 그리고 신맛을 선사한다.

바쿠스
플람스 아우트
브랭

Bacchus Vlaams Oud Bruin

도수
4.5%

원산지
벨기에

이런 술을 좋아한다면 마셔보자
아몬티야도 셰리

잘 어울리는 음식
훈연 아몬드

비슷한 추천 맥주
리프만스Liefmans 구덴반트Goudenband
8%, 벨기에

카스틸 브루어리 반혼스브룩Kasteel Brouwerij Vanhonsebrouck은 여러모로 유행을 전복하는 브루어리다. 강한 여성을 내세운 것부터, 자신들의 맥주를 괴즈라 규정할 수 있도록 브뤼셀과 싸움을 벌인 것도 그렇다. 그 결과 반혼스브룩은 유럽연합에 의해 예외로 승인받은 브뤼셀 밖의 브루어리 두 곳 가운데 하나가 됐다. 또한 엄청나게 멋진 건물에 자리 잡고 있는 삐딱한 가족 운영 브루어리다.

역사가 1865년까지 거슬러 올라가는, 베르켄이라는 마을의 농장에서 시작한 반혼스브룩은 그 사이 몇 차례의 방황과 가족 내의 운영권 변화를 겪었다. 실제로 브루어리가 성공 궤도에 올라서기 시작한 건 1945년 이후로, 루이즈 데 포터Poorter(맥주 일을 하는 사람의 성답다)가 다섯 아이의 육아와 더불어 브루어리를 운영하다가(왜 남편 에밀이 육아를 하지 않았는지는 얼버무리고 넘어간다) 야망 넘치는 아들 폴에게 넘긴 다음이었다. 폴은 형제인 에른스트와 함께 공격적인 확장 계획을 세우고 몰팅을 직접 하는 한편, 공사 인부들에게 돈 반, 맥주 반으로 임금을 지불했다. 그러다가 가문에 불운이 몰아닥쳤으니, 폴이 이른 나이에 세상을 뜬 것이다. 에른스트와

부인은 자식이 없었다.

결국 폴의 자식 가운데 한 명인 뤽이 사업을 이어받기로 결심한다. 이미 필스너로 주종을 바꾼 적이 있기는 했지만 1956년, 뤽은 옛날식 브라운 에일에 초점을 맞추고 바쿠스라고 이름을 붙였다. 대형 브루어리와 경쟁할 수 없으니 현대 맥주 양조의 유행을 좇지 않기로 한 결정이었다.

이는 오늘날까지도 브뤼셀의 브루어리인 벨뷰Belle-Vue(안호이저부시 인베브 소유)와 괴즈 전쟁을 불러일으킨 대담한 변화였다. 심지어 두 브루어리는 각각 숙적인 축구팀을 지원할 정도다. 반혼스브룩의 맥주 생루이를 괴즈로 규정할 수 없다는, 브뤼셀발 선언과 싸우다 보니 이렇게 됐다.

한편 반혼스브룩 가문은 여전히 잉겔뮌스터 성을 보란 듯 소유하고 있다. 잉겔뮌스터 성은 엄청나게 성공적인 카스틸(네덜란드어로 '성'이라는 뜻-옮긴이)의 맥주 제품군에 영향을 미쳤을 뿐만 아니라 인상적인 요새와 규모로 훌륭한 상징이 된다.

바쿠스 플람스 아우트 브랭은 종종 '견습생 때 마셔봐야 할' 옛날 맥주라는 놀림을 받기는 하지만, 그렇기 때문에 이 책에 포함시켰다. 맛으로 보답하는 스타일의 맥주를 소개하는 데 제격이라 생각했기 때문이다. 벌컥벌컥 마셔야 할 맥주라기보다(물론 그렇게 마신다면 말리지 않겠다), 열띤 대화나 조용한 명상을 위한 음료다. 진한 붉은 과실에 살짝 가죽이 느껴지는 드라이함, 그리고 초콜릿과 캐러멜 향이 약간 느껴지는 맥주다. 특히 고숙성 고다치즈와 먹으면 잘 어울린다.

스카 브루잉 핀스트라이프 레드 에일

Ska Brewing Pinstripe Red Ale

도수
5.2%

원산지
미국

이런 과일을 좋아한다면 마셔보자
블랙커런트

잘 어울리는 음식
크로크마담

비슷한 추천 맥주
굿 케미스트리Good Chemistry 엑스트라
스페셜 비터ESB
4.3%, 영국

공기가 특별한 덕분인지, 콜로라도에는 엄청나게 특별한 브루어리가 아주 많다. 농담이 아니라, 록키산맥의 정기를 받은 것인지 아니면 브루어 대부분 키가 2미터를 넘어서 그런지 콜로라도주에서는 맛있는 맥주가 많이 나오고 스카 브루잉도 예외가 아니다.

스카 브루잉은 유쾌한 무정부주의적 인물들이 꾸려나가지만, 그들의 맥주는 진지하다. 그들이 자신들의 5.2%짜리 맥주를 '세션 맥주'라 규정하는 데는 동의하지 않지만, 맛있다는 데는 이견이 없어서 이 책에 포함시켰다.

부드러운 캐러멜의 베이스가 리버티 홉 위에 깔려 있으니, 간질간질한 블랙커런트 향, 백합 향기와 더불어 멋진 쐐기풀 향이 모두를 아울러 피니시로 이끈다.

맥주검정콩딥

Black Bean Dip with US-style Pale Ale

분량 | 6인

재료

검정콩 통조림 400g

양파 3개(300g)

미국식 페일 에일 50ml

마늘 4쪽

할라페뇨 6~10쪽

라임 2개

오레가노 1큰술

커민가루 ½작은술

아위가루 ¼작은술

바닷소금 고운 것 ¼ 작은술

올리브유 적당량

고수잎 1줌(생략 가능)

런던에서 가짜 텍스멕스(텍사스식 멕시코 음식)만 먹었던 나에게 너무 그리운 친구 글렌 페인이 제대로 된 멕시코 음식의 눈을 뜨게 해줬다. 멕시코 음식 관련 요리책을 선물로 준 적도 있었다. 그라면 이 레시피도 열정적으로 요리해봤을 것이다.

1 검정콩은 국물을 버리고 헹구지는 않은 상태로 둔 뒤 라임은 껍질을 갈아 제스트를 만든다.

2 양파와 할라페뇨는 굵게 썰고 마늘은 으깨고 고수잎은 곱게 다진다.

3 소스팬에 올리브유를 두르고 약불에 올린 뒤 양파를 넣어 숨이 죽고 반투명해질 때까지 종종 섞으며 10분 정도 볶는다.

4 마늘을 넣고 가끔 섞으며 5분 정도 더 볶는다.

5 할라페뇨, 오레가노, 커민가루, 아위가루를 넣고 잘 섞은 뒤 검은콩을 넣고 주기적으로 섞으며 5분 정도 더 끓인다.

6 불에서 내려 10분 정도 식히고 페일 에일, 라임 제스트, 바닷소금을 넣은 뒤 매끄러워질 때까지 블렌더로 간다.

7 라임 1개는 즙을 내 **6**과 잘 섞고 맛을 본 뒤 간을 더한다.

8 **7**의 딥을 그릇에 담고 고수잎을 올린다.

간단한 맥주빵

Simple Beer Bread

분량 | **23x13cm 크기 1개**

재료

통밀가루 300g

물 285ml

강력분 200g

브라운 에일(또는 둥켈 바이젠)
150ml

끓는 물 150ml

메이플시럽 1½작은술

식용유 1½작은술

바닷소금 고운 것 1작은술

효모 1작은술

정말 간단하게 맥주로 만드는 빵이다. 단맛이 있는 브라운
에일을 사용해야 더 맛있으니 좋아하는 브라운 에일을
찾아보자. 스탠딩 믹서를 쓰든 손으로 반죽하든 시간은 똑같이
걸린다.

1 통밀가루, 강력분, 바닷소금, 효모를 볼이나 믹서에 담고 잘
   섞는다.

2 끓는 물에 메이플시럽을 넣고 녹을 때까지 잘 저은 뒤 차가운
   브라운 에일을 붓는다.

3 2의 분량의 ½을 1에 넣고 나머지를 조금씩 더해가며
   매끄러운 반죽이 될 때까지 8~10분 정도 치댄다. 밀가루의
   상태에 따라 반죽에 필요한 액체의 양도 달라진다.

4 볼에 식용유를 가볍게 두르고 반죽을 담은 뒤 물 묻힌 면포로
   덮고 26℃에서 30~35분 정도 1차 발효를 한다.

5 오븐을 210℃로 예열한다.

6 반죽을 두들겨 이산화탄소를 빼고 15~20분 정도 2차
   발효를 한다.

7 오븐 팬에 식용유를 가볍게 두르고 반죽을 올린다.

8 오븐을 열고 바닥에 물을 끼얹은 뒤 오븐 팬을 중간 단에
   넣고 최대한 빨리 닫은 다음 25분 정도 굽는다. 물을 넣으면
   증기 덕분에 빵 껍데기가 바삭해진다.

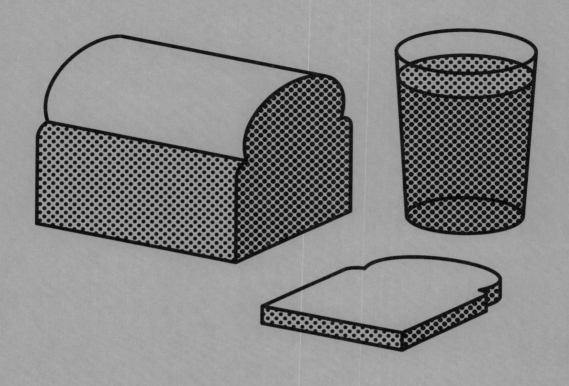

9 빵의 상태를 확인하고 필요하다면 반대로 돌린 뒤 15분 정도
   더 굽는다.

10 구운 빵을 25분 정도 식힌다. 보고만 있기가 쉽지는 않지만
   그래야 속까지 다 익는다.

5
팜하우스 맥주

Farmhouse
Beers

양조 과정의 산업화 이전에 빚었던 맥주 대부분을 팜하우스 맥주라 일컫는다. 발효 가능한 재료를 냄비에 쏟아붓고 끓여서 술을 빚는 과정은 직립 보행만큼이나 오래됐지만, 맥주계에서 팜하우스 맥주라 하면 주로 벨기에식이나 프랑스식을 가리킨다.

프랑스식 팜하우스 에일, 비에르 드 가르드와 벨기에식 세종은 도수와 효모의 차이로 분류된다. 비에르 드 가르드는 도수가 높고 블론드 에일을 닮은 반면, 세종은 더 드라이하고 풍성한 맛도 덜한 가운데 후추와 향신료가 두드러진다. 둘 다 노동자의 음료였다는 공통점이 있다. 남은 곡물 중에 발효 가능한 것은 무엇이든 사용해 빚은 뒤 다음 해의 추수까지 숙성시키곤 했다.

브라세리 뒤퐁
세종 뒤퐁

Brasserie Dupont Saison Dupont

도수
6.5%

원산지
벨기에

이런 술을 좋아한다면 마셔보자
아주 드라이한 화이트 와인

잘 어울리는 음식
훈제 두부나 오리고기

비슷한 추천 맥주
와일드 비어 컴퍼니Wild Beer Co.
닌카시Ninkasi
9%, 영국

세종 뒤퐁은 다른 세종을 평가하는 데 기준이 되는 맥주다. 기록이 분명치 않아 역사적으로 정확한 세종인지 아닌지는 분명치 않지만 캔자스시티 불러바드Boulevard 브루어리의 탱크 7과 같은 현대의 세종에도 뒤퐁의 유전자가 깃들어 있다.

프랑스어로 '계절'을 뜻하는 세종은 여러 브루어리에서 온갖 과일이며 향신료, 기타 부재료를 더해 큰 성공을 거두기도 하고, 쫄딱 망하기도 해 웃음거리가 돼왔다. 심지어 나도 몇몇 세종 양조에 협업한 적이 있다. 하지만 세종의 원형이라 할 수 있는 뒤퐁을 마시는 재미는 아무리 말해도 부족하지 않다.

1759년부터 시작된 농장에 자리 잡은 뒤퐁에서는 1800년대 중반부터 맥주와 꿀의 생산이 이루어졌다. 하지만 본격적인 맥주 생산을 시작한 건 1920년대였다. 아들인 루이가 캐나다로 넘어가 농장을 사는 것을 막기 위해 알프레드 뒤퐁이 농장이자 브루어리를 사준 것이다. 이후 브루어리는 성업했으나 제1차 세계대전과 제2차 세계대전으로 타격을 입었다. 그와 더불어 전후 벨기에에서 필스너가 인기를 끌면서 뒤퐁은 거의 문을 닫을 뻔했다. 하지만 실바 로지에의 주도 아래 레도르 필스Redor Pils를 출시하면서 살아남을 수 있었다.

뒤퐁 브루어리의 역사는 계속 이야기할 수 있을 만큼 흥미롭다. 오늘날도 로지에 가문이 운영하고 있는데 원료 분석 연구소, 치즈 제조업, 유기농 맥주와 더불어 현대적인 손길을 가미한 드라이 호핑(강한 향을 불어넣기 위해 홉을 발효 이후에 첨가하는 방법-옮긴이) 세종 뒤퐁까지 선보이고 있다.

하지만 나는 옛 친구를 만나는 것처럼 원조 세종 뒤퐁을 계속 마신다. 다양한 음식과 좋은 짝을 이루며 그냥 들이켜기에도 좋은 맥주기 때문이다. 드라이한 가운데 후추의 알싸함과 약간의 과일 향이 두드러지며, 탄산이 세서 코를 찡긋하고 토끼처럼 몸을 떨게 만드는 세종 뒤퐁이야말로 세상에 없으면 안 되는 맥주다.

르 발라댕
웨이언

Le Baladin Wayan

도수
5.8%

원산지
이탈리아

이런 술을 좋아한다면 마셔보자
게뷔르츠트라미너

잘 어울리는 음식
그린후추소스의 스테이크

비슷한 추천 맥주
비라 델 보르고 Birra del Borgo
두체사 Duchessa
5.8%, 이탈리아

이탈리아 맥주 양조(와인으로 유명한 나라에서 맥주라니!)의
달인이자 르 발라댕 브루어리의 설립자인 테오 무소는 빼어난
맥주를 계속 내놓는 만큼 상도 많이 탔다. 피에몬테 지역에
자리를 잡고 맥주만큼 뛰어난 음식에 둘러싸여 살아온
그인지라, 멋진 시도를 거듭할 수 있었다.

웨이언은 다섯 가지 곡물(스펠트밀, 메밀, 호밀, 보리, 밀)과
다섯 가지 후추를 포함한 아홉 가지 향신료를 비롯해 도합
열아홉 가지의 재료로 빚은 맥주다. 그러나 어떤 재료도 혼자
치고 나오지 않는다.

웨이언은 코를 대면 서양배와 얼그레이, 그리고 백후추와
고수의 향이 다가오고 마실 때는 약간 기름지면서 오렌지
리큐어 쿠앵트로의 향이 살짝 풍긴 뒤 밝고 알싸하게
마무리된다.

버닝 스카이 세종 아 라 프로비전

Burning Sky Saison À La Provision

도수
6.5%

원산지
영국

이런 술을 좋아한다면 마셔보자
피노 셰리

잘 어울리는 음식
훈연 치즈

비슷한 추천 맥주
채집 원료로 계속 다른 맥주를 출시하는 미국 일리노이주 스크래치 브루잉Scratch Brewing의 제품군

마크 트랜터가 다크 스타를 떠나 자신의 브루어리를 차리겠다고 발표했을 때, 영국 맥주계는 자세를 가다듬고 그의 행보를 기다렸다. 그와 함께 브루어리 부지에 갔었는데 정말 비밀을 지키기가 힘들었다. 지붕에 올라가 "놀라운 결과가 나올 거야"라고 소리라도 지르고 싶었다.

역시 결과는 놀라웠다. 양조 허가를 기다리며 마크는 여행을 떠났고 콜로라도부터 벨기에까지 최고 팜하우스 에일 브루어리에 방문했다. 그리고 깨달음을 얻은 뒤 돌아와 버닝 스카이 브루어리를 열었으니, 그도 그의 팬들도 거침없이 앞으로만 나아가고 있다. 그가 세종만 빚는 건 아니지만(세션 맥주와 IPA도 매우 맛있다), 그의 눈을 들여다보면 세종 양조용 푸더(대형 나무 술통—옮긴이)를 얼마나 사랑하는지 알 수 있다.

세종 아 라 프로비전은 마크의 순수한 접근이 잘 반영된 맥주다. 전통 방식으로 홉을 첨가한 맥아즙을 세종 효모와 함께 발효한 뒤 브렛과 락토바실러스 유산균으로 처리돼 드라이하면서도 새콤한 마무리, 천수국의 향이 밴 밀짚과 빵 같은 바디를 자아낸다. '팜하우스'라는 이름에 맞게 긴 하루의 일과 끝에 이런 술을 내주는 농장주를 위해서라면 일도 더욱 열심히 할 수 있을 것 같다.

브라스리 뒥
장랭 앙브레

Brasserie Duyck Jenlain Ambrée

도수
7.5%

원산지
프랑스

이런 술을 좋아한다면 마셔보자
영국 비터

잘 어울리는 음식
타르트타탱(뒤집어서 구운 사과 타르트–
옮긴이)

비슷한 추천 맥주
와일드 비어 컴퍼니Wild Beer Co.
와일드 IPA Wild IPA
5.2%, 영국

장랭 앙브레는 1920년대부터 시작됐으니 고전이라 칭해도
문제가 없을 것 같다. 자랑스러운 독립 브루어리 브라스리 뒥은
가족 경영 체제를 유지하고 있는 곳이다. 또한 오랜 세월을
거치며 변화를 추구하기는 했지만 지역 맥주를 빚는다는
기풍만큼은 철저히 지켜오고 있다.

한 달 남짓한 저온 숙성 덕분에 장랭 앙브레는 높은 도수를
의식할 수 없을 정도로 깔끔한 맛을 자랑한다.

장랭 앙브레는 부스러지는 가을 낙엽과 오렌지푸딩, 따뜻한
향신료와 거의 짠맛에 가까운 셀러리소금 향이 두드러져,
오감을 만족시켜주며 좀 더 주목을 받아야 마땅한 맥주다.

와일드플라워
브루잉 앤 블렌딩
굿 애즈 골드

Wildflower Brewing and Blending
Good as Gold

도수
5%

원산지
호주

이런 술을 좋아한다면 마셔보자
펫낫(자연 발포 와인-옮긴이)

잘 어울리는 음식
껍질 세척 치즈

비슷한 추천 맥주
뉴 벨지움New Belgium 라 폴리La Folie
7%, 미국

와일드플라워의 맥주에 대해 본격적으로 이야기하기 전에,
여러분이 마실 맥주는 다를 수도 있지만 호주에서 초기 버전을
마셔본 경험상 다른 제품군도 똑같이 맛있을 것이라 믿는다.

와일드플라워의 설립자 중 하나인 토퍼 보엠은 런던의 파티잔
브루어리에서 일할 때부터 낯을 익혔다. 파티잔은 유행을
따르지 않는 브루어리다 보니 그곳에서 일한 보엠이 자신만의
브루어리를 설립한 게 놀랄 일은 아니다. 그는 미국의 제스터
킹Jester King과 이제는 이웃인 배치 브루잉Batch Brewing(숙성과
블렌딩을 위한 맥아즙을 공급받는다)에서 일하는 등 족보도
제대로 갖췄다.

와일드플라워 브루어리는 과학과 철학의 이해를 바탕으로
맥주를 빚는다. 복잡한 발효의 맛과 향을 자아내는 야생효모가
공기와 술통의 표면에 깃들 수 있도록 새 브루어리에 발효가
일어난 맥아즙을 분무한다거나, 옛 술과 새 술을 섞는 솔레라
시스템, 감각에만 의존하는 블렌딩 등이 그렇다.

그들의 순수한 열정과 헌신, 몰입을 이해하지 못하는 이들은
맥주의 가격에 황당해할 수도 있다. 모든 이를 위한 맥주는
아니지만 나는 조금도 망설이지 않고 와일드플라워의 맥주를
마시기 위해 비행기에 몸을 실을 것이다.

결과물이 조금씩 다르기 때문에 굿 애즈 골드의 정확한
테이스팅 노트를 기록으로 남기기는 어렵다. 다만 내가 마셨던
맥주는 잘 빚어낸 괴팍함이라고 말할 수 있다. 드라이하지만
수렴성은 없으며 가죽의 향을 풍기지만 염소 냄새는 나지 않고
과일 향이 풍성해 햇볕에 따뜻하게 말린 살구 등이 남는다.
그리고 제발, 굿 애즈 골드를 구했다고 소셜미디어로 사진을
보내지 말아달라. 나는 가지고 있지 않아서 슬프니까!

맥주의 식물 및 부재료 간략사

A Quick History of the Use of Plants and Other Things in Beer

중동과 아프리카에서 맥주 양조의 뿌리는 여성이 쥐고 있었다. 그 풍부한 유산 대부분이 슬프게도 문서화되지 못했고 역사 속 여성의 흔적 지우기와 노예 교역으로 인해 사라져버렸다.

인류는 생물로서 알코올을 더 잘 분해할 수 있도록 진화했으며 언제나 알코올이나 기분 전환을 위한 물질을 만들어왔다. 따라서 그런 역할을 조금이라도 할 수 있는 재료가 있다면 그것으로 술을 빚었다.

정말 다양한 재료가 알코올 제조에 사용됐다. 이집트에서는 대추야자를 썼고, 페루에서는 씹은 옥수수로 치카를 빚었고, 에티오피아에서는 기장으로 텔라를 빚었다. 그 밖에도 쑥, 코스트마리(국화과의 여러해살이풀-옮긴이), 서양톱풀처럼 홉 역할을 하는 식물을 썼다. 이는 전통과 혁신에 필요한 제조 과정으로, 오늘날 다양한 재료로 맥주를 빚는 데 공헌했다.

앞서 언급한 이집트의 대추야자 맥주든 영국과 벨기에의 체리 맥주든 초창기 미국 정착자들이 빚었던 호박 맥주든, 맛을 더하고 발효해 알코올을 빚어내는 전분이나 당만 포함하고 있다면 우리는 그 식물로 맥주를 빚었다.

아프리카와 남아메리카에서는 카사바 뿌리를 발효의 바탕으로 썼는데, 오늘날 브루어들은 수입 보리보다 좀 더 환경친화적이며 지역친화적인 양조법을 개발하기 위해 폭넓게 연구 중이다. 그리고 맥주의 가까운 친구인 사케나 미드처럼 쌀이나 꿀을 쓰는 술 또한 빼놓을 수 없다. 반면 맥주가 노동자의 급료로 지불됐던 시절에는 양조에 쓰지 못했던 재료도 있었다.

인간의 역사와 맥주 양조에 대해 발견을 거듭할 때마다 현대 브루어들은 과거를 되살리며 멋지게 재해석해내고 있다.

듀레이션
벳 더 팜

Duration Bet The Farm

도수
4.5%

원산지
영국

이런 술을 좋아한다면 마셔보자
드라이한 리슬링

잘 어울리는 상황
건초 더미에 앉아 있을 때

비슷한 추천 맥주
드 랑케De Ranke XX 비터XX Bitter
6%, 벨기에

듀레이션은 지난 몇 년 동안 가장 큰 기대를 받았던 신흥 브루어리다. 외골수에 활기찬 런던 사람 미란다 헛슨과 나긋나긋하게 말하는 딥사우스 출신 미국 사람 베이츠가 많은 이들에게는 그저 꿈일 브루어리를 노포크의 외딴곳에 차렸다.

옛 수도원 부지에 자리를 잡은 두 사람은 20hl(1헥토리터는 100리터-옮긴이) 규모의 브루어리를 나르강둑에 차렸고 코로나 바이러스가 전 세계적으로 유행하기 직전 문을 열었다. 갓 문을 열었지만 그들이 다른 곳에서 일하며 빚었던 맥주 덕분에 관심을 그러모았다. 그들의 IPA 터틀스 올 더 웨이 다운은 붙박이로 자리를 잡았으며. 지역 재료(노포크에는 최고의 몰팅 보리가 자란다)와 세계 곳곳의 홉을 쓰면서 현대적인 스테인리스 통과 푸더 같은 옛 농가의 양조 기술을 조합해 현대와 전통을 융합한 맥주를 내놓고 있다. 사업과 삶 양쪽에서 현대와 전통의 비전을 충실히 지켜나가고 있는 것이다.

앞으로 듀레이션은 두 종류의 맥주를 내놓을 예정이다. 하나는 스테인리스 통에서 빚은 '생' 버전으로 허브와 향신료가 두드러지는 콘티넨탈 홉을 쓴 알싸한 페일 에일이다. 이런 맥주를 내놓는다니 혼란스러울 수도 있다. "탁한 페일 에일 같기도 한데…. 음, 라거처럼 신선한 걸. 아, 이 과일 노트는 어디에서 나오는 거지? 오, 그런데 드라이하네! 오, 허브 노트 좀 봐!" 직업인인 나조차도 이렇게 헷갈리는 맥주다. 다른 하나는 푸더에서 숙성시킨 것으로 혼합 발효의 복잡함이 깃들어 있지만 첫 번째 버전과 똑같은 유전자로 빚어졌으니 한정 판매 시 꼭 마셔보자.

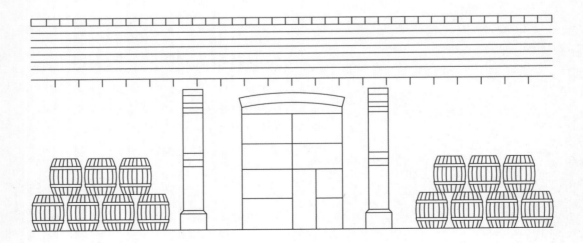

라 슐레트
비에르 데 상
퀼로트

La Choulette Bière des Sans Culottes

도수
7%

원산지
프랑스

이런 술을 좋아한다면 마셔보자
자연 발포수

잘 어울리는 음식
염소치즈

비슷한 추천 맥주
르 발라댕Le Baladin 웨이언Wayan
5.8%, 이탈리아

이 맥주의 이름을 직역하면 '바지를 입지 않은 맥주'로, 프랑스 혁명 당시 혁명군이 상류 계층의 칠부바지(퀼로트)가 아닌 긴 바지를 입었다는 의미에서 비롯됐다.

1950년, 쥘 도시는 농장에 작은 브루어리를 차렸고 직접 재배한 보리로 맥주를 빚기 시작했다. 쥘의 아들인 알퐁스가 가업을 이어받았지만 건강과 재정 문제로 양조업을 포기했다. 하지만 농사는 계속 지었고, 역시 이름이 알퐁스인 그의 아들이 인근 발랑시엔의 브루어리에서 일을 했다. 그리고 1977년, 알퐁스가 농장에서 고작 3km 떨어진 곳의 소규모 양조 공방을 사들인 뒤 이름을 라 슐레트라 짓고 아들 알랭에게 운영을 맡겼다.

비에르 데 상 퀼로트는 흙내음과 사랑스러운 꿀의 달콤함이 두드러져 대범한 사람 같은 맥주다. 차갑게 온도를 맞춰 한 모금 마시면 갓 구워낸 빵에 두껍게 바른 탁한 꿀의 맛을 느낄 수 있다. 강렬한 얼그레이 향과 더불어 레몬커드의 시트러스한 달콤함과 잠깐 반짝하고 사라지는 마른 서양배 향까지 느낄 수 있다.

맥주크럼펫

It's Always Crumpet Saison

분량 | 8~10인분

재료

우유 따뜻한 것 350ml

세종(웨이언 등) 따뜻한 것 200ml

강력분 200g

중력분 150g

효모 4큰술

흑설탕 1½작은술

소금 1½작은술

베이킹소다 1작은술

식용유 약간

가염버터 약간

버터를 듬뿍 바른 크럼펫을 먹으면 마음까지 편안해진다. 반죽에 맥주를 약간 더하면 더 쫄깃해지고 맛있어진다는 걸 최근에 알고 정말 놀랐다. 크럼펫을 구울 때는 반드시 원형 금속 틀과 바닥이 두툼한 프라이팬을 써야 한다.

1 우유와 흑설탕을 소스팬에 넣고 아주 약한 불로 서서히 데우며 흑설탕을 녹인다. 새끼손가락을 넣고 있어도 괜찮을 정도로만 따뜻해야 한다.

2 강력분, 중력분, 효모를 체 쳐서 볼에 넣는다.

3 1을 2에 붓고 나무 국자로 5분 정도 재빨리 섞은 뒤 뚜껑을 덮고 따뜻한 곳에서 30분~1시간 정도 둔다.

4 반죽이 부풀어 올랐다가 다시 가라앉으면 팬에 세종과 소금을 넣고 천천히 데운다. 이때 끓지 않도록 주의한다.

5 소금이 녹고 4가 우유와 비슷한 온도가 되면 분량의 ½을 3의 반죽에 붓고 나머지 세종에는 베이킹소다를 솔솔 뿌린다.

6 베이킹소다를 섞은 세종을 반죽에 조금씩 넣으며 생크림과 비슷한 상태가 될 때까지 치댄 뒤 따뜻한 곳에서 30분 정도 둔다. 구울 때는 기포가 많이 올라와 있어야 한다.

7 바닥이 두툼한 팬을 아주 약한 불에서 10분 정도 달구고 원형 금속 틀에 버터나 식용유를 바른 뒤 팬에 올려 달군다.

8 원형 틀 안에 **6**의 반죽을 ⅓ 정도 채우고 표면이 익기 시작할 때까지 5분 정도 둔다.

9 기포가 솟아오르기 시작하면 조심스럽게 틀을 뒤집고 노릇해질 때까지 5~8분 정도 더 구운 뒤 나이프로 가장자리를 돌리며 크럼펫을 꺼낸다.

10 크럼펫을 모두 굽고 토스터에서 가볍게 데운 뒤 가염버터를 발라 먹는다.

맥주줄렙

Saison Julep

분량 | **2인분**

재료
세종 차가운 것 300ml
버번 위스키(포로지즈 추천) 50ml
민트잎 10장
흑설탕 2작은술
얼음 약간

세종은 줄렙의 맛을 확실히 북돋아주니 가볍고 상쾌한 종류를 사용한다. 세종이 탄산수보다 바디를 좀 더 보탤 수 있다는 점도 염두에 두자. 세종은 브루 바이 넘버스의 모투에카 앤 라임 세종처럼 시트러스 향이 있는 걸 추천한다.

1 세종과 버번 위스키를 유리잔에 담는다.

2 유리잔에 흑설탕과 민트잎을 넣고 흑설탕이 녹을 때까지 짓이긴다.

3 얼음을 넣고 가볍게 저은 뒤 남은 민트잎으로 장식한다.

6
자연 발효 맥주

Wild and
Tamed Ones

야생(Wild) 맥주의 가장 전통적인 예는 벨기에 브뤼셀
인근에서 빚는 람빅이다. 법으로 보호를 받으므로 오로지
그 지역에서 빚은 맥주만을 '람빅'이라 일컬을 수 있다.
그래서 다른 지역이나 나라에서 빚은 맥주는 '람빅 스타일'
이라 부른다.
하지만 세상만사가 그렇듯 영악한 사람들은 영국
케임브리지에 있든 미국 샌디에이고에 있든 상관없이
이 맥주를 빚는 요령을 터득한다. 덕분에 오랜 세월이 흐른 뒤
전통 양조법이 세상의 빛을 보게 됐다.
그래서 이 카테고리는 어렵다. 보통 맥주의 괴팍한 사촌이기
때문이다. 1년에 한 번 파티에 불러서는 생일케이크 대신
초를 먹으라고 하는 이들 말이다. 따라서 고민하지 말고 자연
발효종과 박테리아 발효의 영역을 살펴보자.
본격적으로 살펴보기 전에 내가 '냉각조(Coolship)'라는
용어를 많이 쓸 것이라고 미리 일러둔다. 냉각조는 맥아즙을
냉각시키는, 구리로 만든 커다란 수조다. 냉각조에서
맥아즙을 식히는 덕분에 공기 중의 자연 효모와 박테리아가
맥주에 깃들어 자발적인 발효 과정을 개시한다. 단, 두 가지
예외가 있다.

브라세리
아베이 도르발
오르발

Brasserie Abbaye d'Orval Orval

도수
6.2%

원산지
벨기에

이런 술을 좋아한다면 마셔보자
드라이한 뮈스카 또는 팜하우스 사이더

잘 어울리는 음식
삼겹살통구이 또는 귤치즈케이크

비슷한 추천 맥주
틸켕 아우드 괴즈 아 랑시엔 Tilquin Oude
Gueuze à l'Ancienne
6.4%, 벨기에

마돈나나 펠레, 피카소처럼 오르발도 단 한마디면 팬들의
눈에서 눈물을 짜내고 다리에 힘이 풀리게 만들 수 있다.
도수가 높아서 그렇다는 말이 아니다.

오르발은 사람들이 "브레타노미세스 발효 맥주를 좋아하지
않지만…" 또는 "나는 원래 와인이나 사이더를 마시지만…"과
같은 말을 하게 만드는 맥주다. 그리고 속물 소믈리에조차
"나는 맥주를 전혀 좋아하지 않지만…"이라고 말하게 만들
정도로 독특하다.

공인된 트라피스트 맥주인 오르발은 정신이 쏙 빠지게
아름다운 벨기에의 아르덴 지역에서 빚는다. 오르발의 가장 큰
매력은 숙성에 따라 달라지는 맛으로 맥주계의 애주가들마저도
의견이 나뉜다.

드라이한 팜하우스 사이더를 마시는 이라면 오래 숙성된
오르발을 좋아할 것이며, IPA처럼 신선하고 쓴 맥주에서 막
한발 나아갔다면 오렌지 향에 홉이 두드러지는 덜 숙성된
오르발을 먼저 마셔보는 게 좋다. 라벨에 쓰인 병입 날짜를
보고 고르면 된다.

브라세리
드 라 센느
브뤼셀렌시스

Brasserie De La Senne Bruxellensis

도수
6.5%

원산지
벨기에

이런 술을 좋아한다면 마셔보자
과일과 가죽 향의 스카치 위스키

잘 어울리는 음식
오리다리콩피

비슷한 추천 맥주
분Boon 아우드 괴즈 마리아주 파르페Oude
Geuze Mariage Parfait
8%, 벨기에

이 브루어리를 진짜 좋아한다고 앞에서도 말했던 것 같은데, 또 말할 만큼 진짜 좋다! 브뤼셀에서만 존재하는 공기 중의 효모와 박테리아 덕분에 이 지역에서 빚은 맥주만 '람빅'이라 부를 수 있다. 하지만 효모와 박테리아의 접촉은 대형 냉각조가 아닌 병에서 이루어진다. 그래서 브뤼셀렌시스는 독특한 조합을 만들어낸다.

맛은 강렬하면서도 다 늘어놓을 수 없을 정도로 다양한 느낌을 자아낸다. 그런 가운데 붉은 베리류가 약간의 서양배 향과 함께 가득 들어차고, 아주 드라이한 가죽 피니시와 생생한 흙내음의 알싸함까지 느낄 수 있다.

브루어리
페어헤게 비크트
듀체스 드 부르고뉴

**Brewery Verhaeghe Vichte
Duchesse De Bourgogne**

도수
6%

원산지
벨기에

이런 식재료를 좋아한다면 마셔보자
발사믹식초

잘 어울리는 음식
립아이스테이크

비슷한 추천 맥주
러시안 리버Russian River 콘서크레이션
Consecration
10%, 미국

한 점의 과장도 없이 이 맥주가 세계에서 가장 호불호가 나뉘는 스타일이라 생각한다. 하지만 나는 조금의 거리낌도 없이 열정적으로 사랑한다.

브루어리 페어헤게 비크트는 벨기에의 서플랑드르 남서부에 있는 가족 경영 브루어리다. 브루어리의 역사는 1800년대 말까지 거슬러 올라가며, 근처의 유명한 플랑드르 레드 양조업체인 로덴바흐Rodenbach만큼은 아니지만 세계의 많은 맥주광들이 사랑하는 곳이다.

내가 알기로 아우트 브랭Oud Bruin만큼 초산을 추켜세워 주는 맥주는 없다. 같은 초산을 쓰니 식초와 견줄 수 있을 만큼 신맛이 강하다. 플랑드르 레드에도 초산균이 있기는 하지만 아우트 브랭 스타일, 특히 듀체스 드 부르고뉴가 보여주는 만큼 공격적이지는 않다.

가죽과 발사믹식초, 다크초콜릿, 그리고 약간의 페드로 히메네즈 셰리Pedro Ximénez Sherry가 느껴지는 이 복잡한 맥주는 거대한 립아이스테이크를 곁들이면 더없이 완벽하다.

로스트 애비
덕 덕 구즈

Lost Abbey Duck Duck Gooze

도수
7%

원산지
미국

이런 술을 좋아한다면 마셔보자
피노 셰리

잘 어울리는 음식
굴

비슷한 추천 맥주
그루트 피에르Grutte Pier 트리펠
아이트 드 통Tripel Uit De Ton
8%, 네덜란드

희귀하거나 찾기 어려운 맥주는 최대한 빼고 싶지만
이 장만큼은 어쩔 수 없다. 빚는 시간은 길면서도 생산량은
적은 맥주들이기 때문이다.

어쩌면 괴즈 스타일의 맥주에 언어유희를 활용하기 위해
'거위(Goose)'라는 이름을 붙인 이 맥주를 실었다고 생각할
수도 있지만 정말 맛있어서 소개하는 것이다.

복잡한 맥주를 좋아한다면 로스트 애비의 맥주를 전부
마셔보자. 책임 브루어인 토미 아서는 확실한 전문가니까.

덕 덕 구즈는 벨기에 괴즈 스타일 맥주에 경의를 표하는
맥주로, 그 방식 그대로 다른 술통의 저숙성 및 고숙성 맥주를
섞어 만든다. 덕분에 한 모금을 막 마시면 발사믹식초와 박고지
맛이 나지만, 곧 나무의 복잡함과 산자나무의 경박함을 느낄 수
있다. 입맛을 깨워주는 맥주다.

콜렉티브 아츠 브루잉 잼 업 더 매시

Collective Arts Brewing Jam Up The Mash

도수
5.2%

원산지
캐나다

이런 술을 좋아한다면 마셔보자
맛있는 맥주와 그 캔

잘 어울리는 음식
몬트리올 훈제 미트

비슷한 추천 맥주
벨우즈Bellwoods 드라이 홉드 고제Dry Hopped Gose
4%, 캐나다

콜렉티브 아츠는 맥주뿐 아니라 독주와 칵테일도 만드는 곳이다. 그들은 자신의 창의력을 한정판 라벨에 담는 데 노력한다. 하지만 술도 맛있어서 여태껏 실망했던 적이 없다.

다양한 삶을 살아온 예술가의 작품을 홍보해주는 건 그들의 사업 정신 중 일부분이며, 그 때문에 캔에 그려진 그림은 맥주만큼이나 유연하다.

처음 잼 업 더 매시를 마셨을 때는 워낙 강렬해서 과일을 썼다고 확신했다. 하지만 알고 보니 드라이 호핑 덕분이었다. 이 맥주는 신맛의 도깨비불이 입술을 맴도는 느낌이다.

맥주캔을 아름답게 표현하는 데 정신이 팔려 양조자들이 언급하는 것을 잊었고, 나 또한 전문가임에도 틀리고야 말았다.

위플래시
서커핀

Whiplash Suckerpin

도수
3.2%

원산지
아일랜드

이런 음료를 좋아한다면 마셔보자
탄산음료

잘 어울리는 음식
고등어

비슷한 추천 맥주
그로지스키에Grodziskie 같은, 쉽게 찾을
수는 없지만 흥미로운 훈연 맥주

위플래시의 소유주 두 사람이 맥주계에 오랜 시간
몸담았다고는 말하지 못한다. 앨런 울프와 알렉스 로스는
2016년, 다른 브루어리에서 일하고 있을 때 재미있는
소일거리로 맥주를 빚기 시작했다.

그러던 중 2017년에 맥주가 맛있어져 이들의 표현을 빌리자면
"위플래시가 골칫거리가 되기 시작"했으니, 2019년 더블린
발리퍼모트에 독자적인 브루어리를 개업하게 됐다.

아일랜드 미술가 소피 드 베어가 창조한 캔의 아트워크 또한
훌륭하다. 나는 사람들이 길을 가다 말고 아트워크만 보고
맥주를 사는 경우도 봤다. 포장만 보고 맥주를 사더라도 훌륭한
맛의 여정을 즐길 수 있을 것이다.

서커핀은 드라이 홉 베를리너 바이세로 브루어리에서 자연
배양한 유산균 덕에 튀는 새콤함을 지녔다. 한편 알싸한
벨기에 이스트로 발효시키고 레몬드롭 홉을 듬뿍 써서 이름이
말해주듯 입술을 오므릴 정도로 신맛이 난다.

오리지널
리터구츠 고제

Original Ritterguts Gose

도수
4.7%

원산지
독일

이런 음식을 좋아한다면 마셔보자
셔벗

잘 어울리는 음식
프라이드치킨

비슷한 추천 맥주
텐 배럴 브루잉10 Barrel Brewing
큐컴버 크러시Cucumber Crush
5%, 미국

집에서 맥주를 만드는 홈브루어들 덕분에 맥주 혁명이
이루어졌다는 이론은 시사하는 바가 있다. 그들의 호기심과
더 깊게 파고자 하는 욕심, 그리고 서로를 이겨보려는 경쟁심
덕분에 맥주계가 발전했다는 이야기다.

오리지널 리터구츠 고제도 그런 예에 속한다. 독일의 홈브루어
틸로 야니첸이 자신이 사는 지역인 라이프치히의 맥주
스타일을 살리기 위해 협업할 수 있는 브루어리를 찾기 시작한
데서 비롯됐다.

오늘날 대부분의 고제는 과일을 더하지만 오리지널 리터구츠
고제는 전통에 따라 고수씨와 바닷소금만 더한 뒤 자연
유산균을 통해 신맛을 불어넣었다. 그래서 아주 새콤하고
상큼하며 가벼운 짠맛도 느낄 수 있고 살짝 알싸하다.

사워맥주 조개관자세비체

Sour Beer Scallop Ceviche

분량 | 4인분

재료

가리비 관자 크고 통통한 것 8개

베를리너 바이세 300ml(기호에 따라 패션프루트나 시트러스 향이 풍기는 것을 선택한다)

홍고추 아주 곱게 다진 것 ¼작은술

바닷소금 고운 것 ½작은술

새싹 허브(래디시, 물냉이 등) 약간

세비체는 단순한 요리지만 세심하게 만들어야 맛있다. 일단 가리비 관자를 믿을 만한 곳에서 싱싱한 것으로 구입한다. 싱싱한 가리비 관자는 단단하고 유백색을 띠며 알이 딸려 올 수도 있다. 알이 딸려 온다면 따로 떼어 버터에 아주 살짝 지졌다가 세비체 가운데 올리면 요리의 품격이 훨씬 높아진다.

1 가리비 관자는 옆구리에 붙은 근육을 떼고 냉동실에 15분 정도 둔다.

2 베를리너 바이세에 바닷소금을 넣고 녹을 때까지 저은 뒤 차갑게 둔다.

3 가리비 관자를 최대한 얇게 저미고 얕은 비금속제 접시에 한 켜로 깐다.

4 2의 베를리너 바이세를 부은 뒤 가리비 관자가 투명해질 때까지 3~5분 정도 둔다.

5 가리비 관자를 건져 작은 접시에 둥글게 담고 홍고추를 뿌린 뒤 새싹 허브를 올린다.

닌카시의 키스

Ninkasi's Kiss

분량 | 2인분

재료

오르발(또는 와일드 비어 컴퍼니의 닌카시) 200ml

엘더플라워 리큐어 50ml

노일리 프랏 베르무트 30ml

달걀흰자 1개 분량

시럽 2작은술

유자즙 ½작은술

각얼음 2개

옻가루 약간

수메르의 맥주 여신 닌카시(와일드 비어 컴퍼니가 빚는 동명의 맥주 이름이기도 하다)의 이름을 딴 이 칵테일은 당신이 즐기는 맥주에 작은 섬세함의 키스를 더해줄 것이다.

1 엘더플라워 리큐어, 베르무트, 달걀흰자, 시럽, 유자즙, 얼음을 셰이커에 담고 20초 정도 흔든 뒤 체로 내려 플루트 잔에 나눠 담는다.

2 기포가 올라올 테니 넘치지 않도록 주의하며 오르발을 넣고 옻가루를 뿌린다. 거품과 함께 유화된 달걀흰자가 올라오면 더 보기에 좋다.

3 시럽은 설탕과 물을 같은 비율로 냄비에 넣고 불에 올려 설탕이 녹도록 저으면서 데운 뒤 식힌다.

7
흑맥주와 포터

The
Dark Side

흑맥주는 부당하게도 나쁜 평판을 받고 있다. 사람들은
흑맥주가 무겁고 열량이 높고 맛이 비슷하다고 생각한다.
무어하우스의 블랙 캣 마일드처럼 가볍고 상큼한 것이
있는데도, 흑맥주는 세계 어디에서나 마실 수 있는 그 유명한
아일랜드 브랜드와 똑같을 거라 여긴다.
그렇다고 기네스가 나쁘다는 말이 아니다. 다만 질소 때문에
자잘한 기포가 생겨 맥주가 더 진하고 끈적해지니 흑맥주가
비슷하다고 생각하는 것이다. 사실은 그렇지 않다!
여러분은 맥주를 눈으로만 마시지 않고 차별화를 했으면
좋겠다. 초콜릿, 커피, 색이 진한 과일이나 케이크를
좋아한다고? 하나라도 좋아한다면 이 장에서 소개하는 맥주
가운데 좋아하는 것을 찾을 수 있을 것이다.
본격적으로 살펴보기 전에, 오해를 하나 짚고 넘어가자.
흑맥주(또는 어떤 맥주라도)는 철분을 함유하고 있지
않다. 하지만 모든 맥주는 철분 섭취에 도움을 주는
나이아신Niacin을 함유하고 있다. 맥주를 마시면서 심심풀이
퀴즈에 쓰기에 좋은 상식 아닐까?

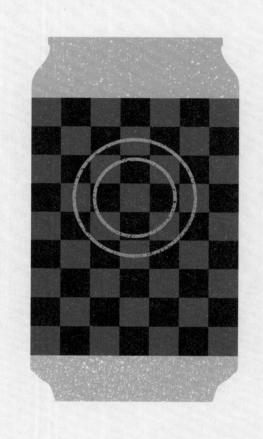

박스비어
가우트 피어

Baxbier Koud Vuur

도수
6.3%

원산지
네덜란드

이런 술을 좋아한다면 마셔보자
피트 향 스카치 위스키

잘 어울리는 음식
갈비찜

비슷한 추천 맥주
더럼 브루어리Durham Brewery
템테이션Temptation
10%, 영국

박스비어는 내가 세계에서 가장 좋아하는 곳 가운데 하나인 흐로닝헌에서 생산된다. 흐로닝헌이 그렇게 좋아할 만한 곳인가 싶겠지만 이곳에서는 세계 최고의 크래프트 맥주 축제가 열리며 다들 무척 친절하다.

박스비어는 출범할 때부터 주목받았던 곳으로 역시 성공을 거두었다. 그들은 그저 지역에서 팔리는 수준을 넘어 이제 네덜란드 전역으로 퍼져나갔으며, 점차 세계적인 인지도를 넓히고 있다.

가우트 피어(차가운 불—옮긴이)는 이들의 맥주 가운데 가장 훌륭하다. 섬세한 훈연 향에 블랙커런트와 검은 딸기나무가 넘치고, 피니시는 갈증을 확 풀어줄 만큼 드라이하다.

박스비어는 도시 외곽에 이제 막 큰 브루어리를 세웠으니 미래가 더욱 기대된다. 그리고 몇 년 내로 내 기대조차 훌쩍 뛰어넘을 거라 믿는다.

오델
컷스로트 포터

Odell Cutthroat Porter

도수
5%

원산지
미국

이런 술을 좋아한다면 마셔보자
스타우트

잘 어울리는 음식
라클레트 치즈

비슷한 추천 맥주
스리 보이스Three Boys 오이스터
스타우트Oyster Stout
6.5%, 뉴질랜드

덕 오델은 내가 존경하는 사람이고, 평판 또한 좋다. 요즘은 브루어리에서 손을 뗐지만 여전히 맥주계에서는 활발히 활동하며 영향력을 미치고 있다. 그런 가운데 브루어리를 우리사주로 전환해 독립적인 미래를 보장했다.

오델의 맥주는 균형이 엄청나게 빼어나며 우아하고 그중 컷스로트 포터가 가장 훌륭하다. 마음을 수백 번 바꿔 먹기도 했지만 다시 이 맥주로 돌아오고 만다.

콜로라도주의 물고기에서 이름을 딴 컷스로트(송어의 일종-옮긴이) 포터는 과일케이크에 코코아를 더한 뒤 블랙커런트잼을 듬뿍 바른 것 같다. 이전에도 이 비슷한 묘사를 쓰기는 했지만 이 맥주에 가장 잘 어울린다.

컷스로트 포터는 포터와 스타우트 중간쯤 어딘가의 맥주로, 후자처럼 풍성하고 전자처럼 마시기 편하다. 언젠가 기회가 닿아 이 악명 높도록 잡기 어렵다는 컷스로트 송어를 잡으러 간다면 꼭 컷스로트 포터를 한 병 챙기기를 바란다. 송어를 잡으면 축하하고 싶기 때문이지만 아마 한 마리도 못 낚고 위로하느라 마시게 될 것 같다.

무어하우스
블랙 캣 마일드

Moorhouse's Black Cat Mild

도수
3.4%

원산지
영국

이런 음료를 좋아한다면 마셔보자
커피

잘 어울리는 음료
한 잔 더!

비슷한 추천 맥주
박스카Boxcar 마일드 Mild
3.6%, 영국

이 맥주는 내가 처음 마셔본 마일드 비어였는데 시작치고 참
좋았다. 당시 무어하우스는 수출용과 샌디 농축액(맥주와
레모네이드를 섞은 음료-옮긴이)을 위한 홉 비터(저알코올
마일드, 스타우트와 비터)에 초점을 맞췄으므로 블랙 캣은 약간
될 대로 되라는 심정으로 빚은 맥주였다.

원래 블랙 캣은 지역 맥주 축제에서 저알코올 다크 비어를
요청해 남아도는 감초액으로 급히 만든 맥주였다. 하지만
엄청난 판매고를 올렸고 무어하우스는 블랙 캣이 인기 맥주가
되리라고 예상할 수 있었다. 그래서 좀 더 전통적인 재료로
실험을 했는데, 초콜릿 맥아(높은 온도의 가마에서 구운 맥아)
덕분에 맛과 색이 더 깊어졌고 오늘날의 블랙 캣이 탄생했다.

인기가 오르락내리락하고 브루어리의 소유주가 몇 차례
바뀌었어도 블랙 캣은 건재해왔으니, 초콜릿과 커피, 말린
과일이 가볍게 어우러지며 소박한 상쾌함을 선사하는 맥주다.

라 시렌
프랄린

La Sirène Praline

도수
6%

원산지
호주

이런 음식을 좋아한다면 마셔보자
프랄린초콜릿

잘 어울리는 음식
라즈베리리플아이스크림

비슷한 추천 맥주
시가 시티Cigar City 마샬 주코프 페널티메이트 푸시Marshal Zhukov's Penultimate Push
11.5%, 미국

영국에는 론실Ronseal이라는 상표의 나무 착색제가 있는데 '깡통에 쓰여 있는 그대로 따라 하세요'를 슬로건으로 삼는다. 라 시렌의 프랄린은 말하자면 맥주계의 론실이다.

나는 라 시렌 브루어리의 자연 발효에 흥미를 느껴, 책임 양조자이자 공동 설립자인 코스타 니키와 덜덜 떨면서 저온 저장고에서 오후를 같이 보낸 적이 있다. 또 다른 공동 설립자인 제임스 브라운에게는 엄청난 양의 치즈와 맥주를 대접받았다. 그 계기로 멜번의 좋은 맥주 주간 동안 '에일 오브 더 타임' 팟캐스트에 출연해 수다를 떨기도 했다.

각설하고, 라 시렌은 팜하우스 에일 전문 브루어리지만 나는 프랄린을 가장 좋아한다. 그들의 세종이 얼마나 훌륭한지를 생각하면 시사하는 바가 있다. 벨기에 스타우트(과일 향의 벨기에 이스트를 쓴 흑맥주)를 바탕으로 삼고 누텔라에나 어울릴 재료를 쓴, 바로 그런 맛이 난다. 유당과 헤이즐넛에서 오는 달콤하고 끈끈한 바디 덕분에 도수보다 무겁게 느껴진다.

트라피스트
로슈포르 10

도수
11.3%

원산지
벨기에

이런 술을 좋아한다면 마셔보자
페드로 히메네즈 셰리

잘 어울리는 음식
파르브르통(브르타뉴 지방의 전통
자두케이크-옮긴이)

비슷한 추천 맥주
세인트 오스텔St. Austell 블랙 스퀘어Black
Square
10.6%, 영국

처음 로슈포르 브루어리를 방문했을 때는 상황이 좋지 못했다.
당시 몇 명의 맥주 필자들이 동행했는데, 눈이 30cm쯤 쌓여
있었으며 진눈깨비가 날려 여건이 매우 좋지 않았다. 그런
가운데 우리는 수도원의 너른 마당을 가로질러 브루어리로
향했다. 그날 견학을 주선했던 수사에 의하면 비록 실수였지만
내가 처음으로 브루어리의 구석구석을 돌아본 여성이라고
한다. 사실인지 아닌지 확인은 하지 않았지만, 수도원의 원로
수사들이 시시콜콜한 거짓말을 할 거라고는 생각하지 않는다.

로슈포르 10은 간단히 말해 신이 내린 넥타르다. 자두,
건포도, 커런트, 말린 크랜베리, 살구, 계피, 넛멕, 오렌지
껍질, 브랜디, 페드로 히메네즈 셰리를 비롯한 수많은 향이
넘실거린다. 다만 도수가 높으니 맛있다고 많이 마시지 않도록
조심하고, 술을 마시고 나서는 꼭 앉아 있자.

발티카
No. 6 포터

Baltika No.6 Porter

도수
7%

원산지
러시아

이런 음식을 좋아한다면 마셔보자
커피, 초콜릿

잘 어울리는 음식
훈제 연어

비슷한 추천 맥주
뽀할라Põhjala 웨에Öö
10.5%, 에스토니아

이 책에 '포터'라 불리는 맥주가 실릴 거라 기대하지 못했을 수도 있다. 하지만 그게 바로 나라마다 맥주 스타일이 기초적인 차원에서 달라질 수 있다는 방증일 것이다. 러시아의 포터에는 많은 이야기가 딸려 온다. 간단히 소개하면 원래 포터는 19세기와 20세기 초, 영국에서 발틱해 국가들로 많이 수출됐다. 그러던 것이 전쟁으로 고갈되자 지역 브루어리들이 자체 양조를 시작했다. 아무래도 라거를 주로 마셨던 지역이다 보니 이스트도 라거용을 썼고 스타일도 달라졌다. 이렇게 간단히 늘어놓으면 맥주 순수주의자들이 화를 낼지도 모르겠지만 나름의 최선이라고 생각한다. 더 알고 싶다면 론 패틴슨과 마틴 코넬의 글을 추천한다.

발티카 No.6 포터는 이런 스타일의 상징 같은 맥주이므로 수없이 많은 상을 받았다. 다크 로스트 커피와 휘몰아치는 감초에 수렴성의 레드커런트가 겹쳐져 처음 마시면 살짝 혼란스러울 수도 있다. 하지만 곧 잊어버리고 계속 마시게 될 것이다.

더 커넬
엑스포트 인디아
포터

The Kernel Export India Porter

도수
6%

원산지
영국

이런 음료를 좋아한다면 마셔보자
에스프레소

잘 어울리는 음식
요란한 맛의 블루치즈

비슷한 추천 맥주
데슈츠Deschutes 블랙 뷰트 포터Black
Butte Porter
5.5%, 미국

고백을 하나 하겠다. 처음 에빈 오리어던이 그의 맥주를 마셔보라며 줬을 때, 나는 깊이 감동받은 척하고는 냉장고에 6주 동안이나 넣어두었다. 그러다가 이 놀랍도록 친절한 남자를 펍과 런던의 유명한 마켓에서 몇 차례 만나고 나서야 그 맥주를 땄다. 얼마나 훌륭한 맥주였는지! 나는 바로 그에게 달려가 느낀 바를 말했다. 그랬더니 그는 평소처럼 간결하게 "잘됐네요, 브루어리에 돈을 좀 투자했거든요"라고 답했다.

그가 맥주를 줬던 시기에 열정적인 홈브루어들이 프로로 입문해서는 끔찍한 맥주를 주곤 했다. 그 때문에 피로를 느꼈을 뿐 아니라 마시고 느낀 바가 표정에 드러나지 않도록 감출 재주도 없었다. 나는 맥주를 좋아하는 이들이 내 표정을 보고 꿈이 깨지는 상황을 만들고 싶지 않았다. 하지만 오리어던의 맥주라면 걱정할 필요가 없었다.

커넬은 시작부터 오리어던만의 개성을 반영한 브랜드다. 갈색 종이봉투를 닮은 라벨에 서툴게 적힌 글자로 조용조용 말하는 것 같은 디자인을 보고 있노라면 유행을 창조하면서도 휩쓸리지 않고 자신의 길을 가겠다는, 굳건한 의지를 읽을 수 있다.

그래서 오리어던은 맥주광에게도 맥주광 대접을 받는다.

그는 너무 고집스럽게 굴지 않으면서도 순수한 맥주를 빚기 때문이다. 이리저리 나다니지는 않지만(그는 너무 수줍어서 축제 같은 행사에 나가지 않는다) 일단 밖에 나서면 마음이 맞는 사람들과 함께 조용히 대화를 나눈다. 그런 성격 탓에 오리어던이 맥주계에서도 가장 명랑하고 쾌활한 이들과 함께 실력으로 승부하는 맥주를 빚을 수 있는 것일지도 모르겠다. 믿거나 말거나, 커널은 런던을 넘어 영국 크라프트 맥주계의 시금석 역할을 지금껏 해왔으며 앞으로도 쭉 그러할 것이다.

엑스포트 인디아 포터의 도수는 완성품마다 아주 조금씩 다르므로 '6% 남짓'이라고 표기하는 게 맞을 것이다. 다른 홉, 다른 도수, 약간 다른 특성, 그래서 엑스포트 인디아 포터는 일란성쌍둥이 같다. 기억력에 의존해 따로 볼 때는 차이점을 못 느끼지만 같이 보면 바로 알아차릴 수 있기 때문이다.

홉과 도수에 상관없이, 엑스포트 인디아 포터는 묵은 바클레이 퍼킨스Barclay Perkins 브루어리의 레시피를 바탕으로 빚은 맥주다. 따라서 얼얼한 홉의 특성이 드러나며 거의 언제나 꽃 향을 느낄 수 있다. 그 아래에는 복합한 코코아와 커피 향의 몰트 베이스가 아주 약간의 훈연 향과 풍성한 관목 열매의 향과 함께 깔려 있다.

J.W. 리스
하베스트 에일

J.W. Lees Harvest Ale

도수
11.5%

원산지
영국

이런 술을 좋아한다면 마셔보자
토니 포트

잘 어울리는 음식
스틸튼 블루치즈

비슷한 추천 맥주
미노Minoh 임페리얼 스타우트Imperial Stout
8.5%, 일본

나는 이야기가 깃들어 있는 맥주를 좋아한다. 특히 자부심과 관련된 이야기일 때 더 흥미로운데, 하베스트 에일이 좋은 예다. 1980년대 중반 어느 날, 맥주 브루어들이 모여 저녁을 먹는 자리에서 벌어진 일이다. 모두 라거(유치하게도 '유럽 탄산'이라는 별명으로 불렸다)의 걷잡을 수 없는 인기에 대해 투덜거리니, 리스의 브루어가 영국 최고의 보리와 홉으로 하베스트 에일을 만들어 보여주기로 결심했다.

교회와 학교에 모여 그해의 추수를 감사하는 영국의 전통에 바치는 리스의 하베스트 에일은 이스트 켄트 골딩스 앤 브리티시East Kent Golding and British 보리를 써서 빚을 뿐이다. 핑핑 돌아가는 11.5%의 도수는 갓 빚었을 때는 과일케이크, 메이플시럽, 오렌지 껍질의 향을 풍기지만 숙성되면 산화가 이루어져 주정 강화 와인처럼 변모한다는 것을 예고한다.

오래 묵은 병을 따보니 마데이라와 포트, 셰리와 너무 닮아서 특별한 날을 위한 맥주라고밖에 할 수가 없었다. 이 말인 즉슨, 특별한 날을 기다리기보다 당장 따서 순간을 특별하게 만드는 게 낫다는 의미다.

굿 조지
로키 로드

Good George Rocky Road

도수
5%

원산지
뉴질랜드

이런 음식을 좋아한다면 마셔보자
로키 로드 아이스크림

잘 어울리는 맥락
어린이 같은 환호

비슷한 추천 맥주
브루어리 마티누스Brouwerij Martinus
스모크드 포터Smoked Porter
9%, 네덜란드

입에 댄 순간 깔깔 웃게 만드는 맥주는 정말 훌륭한 맥주다.
로키 로드가 내게는 그런 맥주였으니, 처음 마셔보고는 다른
것을 입에 대지 못했다. 뉴질랜드 타우포 호숫가의 동네 맥주
카페에서 겪은 일이다.

포장에 써 있는 그대로의 맛을 제공한다는 차원에서 앞에서
언급한 '론실' 맥주인 로키 로드는 알루미늄 캔에 담겨 나온다.
빛와 산소를 차단해주고 유리병보다 환경친화적이라는
차원에서 캔은 맥주에 잘 어울린다.

로키 로드는 정말 맛있는 맥주를 빚고자 했던 굿 조지가 지역
쇼콜라티에인 도노반스와 합작한 결과물이다. 라즈베리,
초콜릿, 바닐라가 선명하게 다가오는 한편 잘 어우러져
술을 더한 로키 로드 아이스크림을 먹는 느낌이다. 이처럼
기술적으로 결함이 전혀 없는 맥주를 빚고서는 아이처럼
깔깔대며 이야기할 수 있는 브루어리를 참 좋아한다.

파인 에일스
바이탈 스파크

Fyne Ales Vital Spark

도수
4.4%

원산지
영국

이런 맥주를 좋아한다면 마셔보자
다크 라거

잘 어울리는 음식
숙성 체다

비슷한 추천 맥주
비리피초 델 두카토Birrificio del Ducato
베르디Verdi
8.2%, 이탈리아

마일드 에일이 어떤 술인지를 놓고 오랫동안 논쟁이 벌어지고 있지만 나는 언제나 맥주 역사가 마틴 코넬의 정의를 따른다. 숙성을 시키지 않았기 때문에 홉이 덜 드러나는 '생생한' 맥주를 마일드(순한) 에일이라 규정하는 것이다. 그렇다고 많은 이들이 말하는 것처럼 마일드 에일이 홉을 안 썼다거나 도수가 낮은 맥주를 의미하지는 않는다.

파인 에일스의 바이탈 스파크는 생생함 그 자체를 느낄 수 있는 맥주다. 바디는 무겁지 않고 열대의 아마리요와 자몽 향을 가진 캐스케이드 홉을 지나치지 않게 썼다. 나는 스코틀랜드의 아가일에 숨어 있는 이 브루어리가 도시에 자리 잡고 마땅히 누려야 할 인기를 누렸으면 좋겠다고 바랄 뻔했다. 하지만 그랬다면 이처럼 조용히, 숙고하는 태도로 맛있는 맥주를 빚어내지는 못하리라. 브루어리가 어디에 있든 기회가 닿으면 꼭 마셔보기를. 후회하지 않을 것이다.

크랜베리
맥주초콜릿포트

**Quick Chocolate Pots with
Kriek Cranberries**

분량 | 4~6인분

재료

다크초콜릿(코코아 고형분 70% 이상)
200g

스타우트 100ml

생크림 100ml

크랜베리 말린 것 25g

크릭 50ml

올리브유 2작은술

백설탕 2작은술

바닷소금 약간

단 음식을 먹고 싶을 때는 이 자그마한 초콜릿포트가 딱
좋다. 템페스트 브루잉 컴퍼니가 버번 나무통에 숙성시킨
몰레(멕시코의 전통 초콜릿소스-옮긴이) 스타우트
멕시케이크를 보냈을 때 이 초콜릿포트를 처음 만들었다.
당시에는 멕시케이크를 썼지만 다른 맥주를 써도 좋고,
특히 나무통에 숙성시킨 스타우트라면 대체 가능하다. 버번
나무통에 숙성시킨 맥주라면 더 잘 어울릴 것이다. 벨기에의
아우트 비어셀 크릭이나 분 크릭, 미국의 오델 크릭,
뉴 글라루스 위스콘신 벨지안 레드, 러시안 리버
서플리케이션을 추천한다.

1 크랜베리, 크릭, 백설탕, 바닷소금을 소스팬에 넣고 약불에
   올려 막 끓기 시작할 때까지 데운 뒤 잘 젓고, 부글부글
   끓어올라 수분이 거의 없어질 때까지 4~6분 정도 더 끓이고
   그대로 식힌다.

2 다크초콜릿을 조각내고 전자레인지에 돌리거나 중탕으로
   녹인다.

3 다크초콜릿을 녹이는 동안 스타우트를 작은 팬에 담고
   가장자리에 거품이 올라올 때까지 끓인다. 이때 잘 저으면서
   넘치지 않도록 주의한다.

4 다크초콜릿이 녹으면 불에서 내리고 **1**과 뜨거운 스타우트를
   약간 넣은 뒤 스패출러로 매끈하게 섞는다.

5 멍울이 져도 놀라지 말고 열심히 섞고 **1**과 스타우트를 모두 넣은 뒤 매끈하며 반짝이는 질감이 될 때까지 잘 섞는다.

6 생크림과 올리브유를 넣고 매끄럽게 섞일 때까지 거품기로 휘핑한다.

7 에스프레소 잔이나 램킨에 골고루 나눠 붓고 냉동실에서 30분 정도 둔 뒤 크랜베리를 올린다.

피트넛몬스터

Peat Nut Monster

분량 | 2인

재료
피트 향 위스키 100ml
임페리얼 스타우트(상온) 100ml
피넛버터 초콜릿(엠앤엠, 리시스) 1줌
각얼음 2개

내 남편은 내가 이런 칵테일을 좋아하는 걸 보고 정신이 나갔다고 생각한다. 그가 정말 진지하게 공포에 질려서 이 레시피를 소개하지 말까 고민했지만 너무 좋아하니까 어쩔 수 없다. 이 칵테일을 만들어봤다면 소셜미디어를 통해 어땠는지 알려달라. 내가 정말 괴물일 수도 있고 아니면 천재일 수도 있다. 오직 만들어본 사람만 의견을 줄 수 있다는 걸 기억하자!

1 스타우트를 제외한 모든 재료를 블렌더에 붓고 완전히 섞일 때까지 간다.

2 고운 체에 내려 셰이커에 담고 스타우트를 부은 뒤 살포시 젓는다.

3 잔에 나눠 담는다.

8
과일 맥주

Fruity
Numbers

일단 가장 중요한 것부터. 과일 맥주라고 해서 꼭 달아야
하는 건 아니다. 고백하건대 나는 단 음식을 즐기지 않는다.
따라서 다양한 과일 맥주를 소개한다. 몇 세기에 걸쳐 내려온
전통 과일 맥주가 있고 브루어가 동심을 활용해 빚은 것도
있고, 엄청 진지한 맥주도 있다. 하지만 알고 보면 엄청나게
진지하지는 않다. 맥주가 그런 술은 아니기 때문이다.
어쨌든, 과일 맥주에 대한 편견은 잠시 접어두고 관심을
가져보는 건 어떨까? 같은 맥락에서 완두콩 맥주가 있다면
참 좋겠다. 덕분에 완두콩에 재도전해볼 수 있을 텐데 아무도
만들지 않았으니 이 유치한 농담도 잠시 접어두겠다.

아우트 비어셀
아우드 크릭

Oud Beersel Oude Kriek

도수
6.5%

원산지
벨기에

이런 음식을 좋아한다면 마셔보자
체리파이

잘 어울리는 음식
베이징덕

비슷한 추천 맥주
펑크웍스Funkwerks 라즈베리
프로빈셜Raspberry Provincial
4.2%, 미국

과일 맥주를 소개하기 위해 전통 벨기에 브루어리를 하나만 고르기란 엄청나게 어려운 일이다. 따라서 이 맥주를 좋아한다면 틸켕Tilquin, 분Boon, 듀체스 드 브루고뉴Duchesse de Bourgogne, 스리 폰테이넨3 Fonteinen, 린데만스Lindemans, 칸티용Cantillon, 페트루스Petrus와 로덴바흐Rodenbach도 마셔보라고 추천하면서 글을 시작하겠다. 이들 모두 독특하고 맛있는 맥주를 만드는 곳이다.

그럼 아우트 비어셀 이야기를 계속해보자. 1882년에 설립된 아우트 비어셀은 2002년 재정 위기에 처했지만 2005년, 두 친구인 거트 크리스티앙과 롤란드 드 부스가 구제에 성공했다. 알루미늄 설비를 인수받았지만, 실제 양조는 프랑크 분에게 하청을 줘야만 했다. 좋은 소식이라면 아우트 비어셀이 곧 정상 가동될 것이며 남아 있는 나무통 숙성이나 현지에서 블렌딩하는 맥주는 아주 끝내준다는 사실이다. 크릭은 아우트 비어셀에서 내가 가장 좋아하는 맥주로 경쾌하고 복잡한 가죽과 아몬드 향을 지녀 마치 새콤한 체리파이 같다. 맥주 1L당 체리를 400g씩 썼으니 어찌 보면 당연하다. 아우트 비어셀은 과수원을 직접 꾸려 체리도 직접 조달할 계획을 세우고 있다.

어게인스트 더 그레인 블러디 쇼

Against The Grain Bloody Show

도수
5.5%

원산지
미국

이런 술을 좋아한다면 마셔보자
블러드 오렌지 진

잘 어울리는 음식
켄터키프라이드치킨

비슷한 추천 맥주
히타치노 네스트Hitachino Nest 유즈 라거Yuzu Lager
5.6%, 일본

어게인스트 더 그레인의 설립자들을 만나보니 브랜드 이름을 '순리를 거스르며(Against the grain)'라고 붙인 이유를 정확히 알 수 있었다. 그들은 확실히 그렇게, 순리를 거스르며 살고 있었다. 제리 내기, 샘 크루즈, 애덤 왓슨과 앤드류 오트가 설립한 이 브루어리는 정말 제정신 아니고 못된 데다가 위험한 인간들의 집합소다.

어게인스트 더 그레인은 2011년 바비큐 집에 딸린 브루어리로 조그맣게 시작해 오늘날의 성공을 거두었다. 몇 구역 떨어지지 않은 곳에 브루어리를 다시 차렸고 이제는 미국뿐 아니라 25개국에서 이들의 맥주를 찾을 수 있다.

블러디 쇼는 확실히 뜨겁고 후텁지근한 켄터키의 날씨를 위해 디자인된 맥주다. 공기가 전혀 움직이지 않고, 습기가 훅 밀려오는 걸 느낄 수 있을 정도로 더운 날씨 말이다.

덴마크 브루어리인 미켈러Mikkeller와 합작해 빚은 블러디 쇼에는 오렌지 껍질과 블러드 오렌지 퓌레가 가득하며, 모자이크와 휴엘 멜론 같은 상큼한 홉이 뒷받침해주고 있다. 이렇게 말하지만 막상 마셔보면 잘나가는 섄디 같은 느낌이 들지도 모른다. 어쨌든, 오렌지 속껍질의 씁쓸함만은 정말 화려하다.

에이트 와이어드 피조아

8 Wired Feijoa

도수
각기 다르다

원산지
뉴질랜드

이런 음식을 좋아한다면 마셔보자
바주카 조 풍선껌

잘 어울리는 상황
혼란스러운 표현

비슷한 추천 맥주
프림 아우드 크릭 Pfriem Oude Kriek
5.5%, 미국

뉴질랜드에 가게 된다면 원주민들 앞에서 피조아가 무엇인지 물어보지 않기를 바란다. 내가 에이트 와이어드 브루어리에서 그랬다가 하늘은 파랗고 물은 축축한, 세상의 당연한 원리를 모르는 사람으로 취급받았다.

또한 이 맥주 피조아의 맛이 어떤지 묻지 않기를 바란다. 모두의 평이 전혀 겹치지 않는 가운데 20명이 각자의 느낌을 10분씩 말하게 될 것이다. 대부분의 사람에게는 괴상한 맥주 취급을 받을 테지만, 어쨌거나 재미는 있다. 피조아는 아주 단순한 페일 에일을 빚은 뒤 각기 다른 나무통에 나눠 담아 숙성시켜 마무리한다. 각기 다른 야생효모와 박테리아가 깃든 나무통에서 1년가량 숙성시키는 것이다. 그러고 난 뒤 에이트 와이어드의 맥주광들이 나무통의 숨구멍을 통해 800kg의 과일을 주입한다. 그리고 다시 밀폐해 과일 맛이 배도록 1년 더 숙성시킨다. 그 결과 신 풍선껌 맛이 나는 맥주가 탄생했으니, 모두가 좋아하지 않을 수 없다.

독피시 헤드
시퀜치 에일

Dogfish Head SeaQuench Ale

도수
4.9%

원산지
미국

이런 칵테일을 좋아한다면 마셔보자
마르가리타

잘 어울리는 음식
굴

비슷한 추천 맥주
앤더슨 밸리 브루잉Anderson Valley Brewing
브라이니 멜론 고제Briney Melon Gose
4.2%, 미국

독피시 헤드는 미국 크래프트 맥주계에서 오랫동안 버텨온 고참이다. 샘과 머라이어 칼라지오네가 1995년 델라웨어 레호보스에서 설립한 곳으로, 당시에는 미국에서 가장 작은 상업 브루어리였다. 격세지감이랄까.

독피시 헤드는 매력적인 맥주를 출시하며 해를 거듭할수록 자리를 잡는 한편 인기도 높아졌다. 대표적인 맥주는 팔로 산토 마론으로, 같은 이름의 나무로 만든 거대한 통에 숙성시켜 완성한다. 그들은 치차(발효시킨 옥수수로 빚은 맥주–옮긴이)처럼 말도 안 되는 프로젝트에도 종종 손을 댄다. 언제나 일을 벌리는 것 같은 인상을 풍기지만, 종내에는 제대로 마무리해 좋은 결과를 낸다.

독피시 헤드는 2019년 미국 최대 규모의 독립 브루어리인 샘 애덤스Sam Adams와 '합병(그들의 표현을 빌리면)'했다. 하지만 그 후에도 '삐딱한 사람들을 위한 삐딱한 맥주'를 빚고 있다.

시퀜치는 정말 혼을 쏙 빼놓는 맥주다. 그래서 브루어리의 설명에 더 이상 보탤 말이 없다. 상쾌한 퀄쉬, 짭짤한 고제와 새콤한 베를리너 바이세의 세션 사워를 섞어 블랙라임과 신 라임즙, 바닷소금과 함께 빚은 맥주라는 설명이면 충분하다. 그 결과물은 맥주와 와인, 마르가리타 애호가도 사랑할 수밖에 없는 새콤함의 결정체다.

스티글
라들러
그레이프프루트

Stiegl Radler Grapefruit

도수
2%

원산지
오스트리아

이런 음료를 좋아한다면 마셔보자
과일소다

잘 어울리는 상황
장거리 자전거 주행 뒤

비슷한 추천 맥주
로트하우스Rothaus 라들러 재플
나투르트륍Radler zäpfle Radlerzäpfle
naturtrüb
2.4%, 독일

라이크라 재질의 운동복에 몸을 욱여넣고 자전거를 타러 나갔다고 생각해보자. 오스트리아 산맥도 능히 정복할 수 있을까? 그 산맥을 떠올리면서도 맥주를 마시고 싶다는 마음이 들지 않는다면 우리는 친해질 수 없을지 모른다.

만약 맥주가 떠오른다면 당연히 라들러를 추천한다. 전통적으로 라들러는 라거 아니면 밀맥주를 바탕으로 만든다. 독일의 셰퍼호퍼Schöfferhofer나 영국의 마블 선샤인 라들러Marble Sunshine Radler처럼 유명한 라들러는 밀맥주로 만들지만, 무엇으로 어떻게 빚었든 운동을 열심히 한 다음 마시면 넥타르처럼 느껴질 것이다.

자전거를 타는 이들이 알코올에 휘둘리지 않고도 즐길 수 있도록 고안된 라들러 가운데 나는 스티글을 가장 좋아한다. 사실 스티글은 라들러 외의 다른 맥주도 잘 만들 뿐 아니라 오스트리아 최초의 유기농 브루어리다. 또한 모차르트와도 관련이 있는 유서 깊은 브루어리기도 하다.

라들러 그레이프프루트는 시트러스 속껍질의 쓴맛에 밝은 자몽 향, 중간 정도의 탄산이 어우러지고 물릴 정도로 달지도 않아 벌컥벌컥 잘도 넘어간다. 물론 다 마신 다음에는 언제나 만족스러운 탄성을 뱉게 된다.

플라잉 몽키스 트웰브 미니츠 투 데스티니

Flying Monkeys 12 Minutes to Destiny

도수
4.1%

원산지
캐나다

이런 술을 좋아한다면 마셔보자
로제 와인

잘 어울리는 음식
참치니기리

비슷한 추천 맥주
설리 브루잉Surly Brewing 로제Rosé
5.2%, 미국

발상이 좋으면 결과물도 좋기 마련이다. '운명까지 12분(12 Minutes to Destiny)'이라는 이름처럼 이 상쾌하고도 향이 좋은 라거 한 병을 비우는 데는 12분이면 충분하다.

피터 치오도가 설립한 플라잉 몽키스는 열정적이고 재능 넘치는 홈브루어들을 영입하고 '두려움 없이 맥주를 빚자'라는 좌우명에 따라 움직인다. '두려움 없이 맥주를 빚자'라니, 요즘처럼 큰 맥주 회사의 마케팅이 작은 브루어리를 압도해 버리는 현실에서 칭찬할 만한 태도다.

온타리오가 본거지인 플라잉 몽키스의 탭룸은 다양한 핀볼 머신과 고전 아케이드 게임, 그리고 맛있는 음식이 어우러져 손님을 대접할 줄 아는 곳이다. 일단 발을 들이면 편하게 맥주를 즐길 수 있을 것이다.

트웰브 미니츠 투 데스티니는 히비스커스, 장미 열매, 라즈베리와 오렌지 껍질로 빚었다. 따라서 상상할 수 있는 것처럼 과일과 꽃의 맛과 향이 어우러지며, 끝에는 홉이 품은 시트러스의 쌉쌀함이 스치고 지나간다. 한마디로 잔에 담긴 여름, 그 자체다.

아문센 러시 패션 프루트

Amundsen Lush Passion Fruit

도수
5.2%

원산지
노르웨이

이런 맛을 좋아한다면 마셔보자
여름의 맛

잘 어울리는 음식
광둥오리

비슷한 추천 맥주
와이퍼 앤 트루Wiper and True 퍼플
레인Purple Rain
4.8%, 영국

아문센은 아마 노르웨이에서 가장 유명한 크래프트 브루어리일
텐데, 그럴 만한 이유가 있다. 혁신적인 맥주와 놀라운 브랜딩,
그리고 시대정신을 포착하는 능력이 한데 어우러지는 곳이기
때문이다. 이 모든 것을 바탕으로 아문센은 세계적인 인기를
누리고 있다.

아문센에서 만든 디저트 인 어 캔Dessert in a Can은 고전적인
디저트를 맥주로 재현한 시리즈로 말도 안 될 정도로 재미있다.
한편 페이스트리 사워에서 보여주는 혁신 또한 훌륭하다.

이곳의 맥주를 모두 좋아하지만 그 가운데서도 라즈베리와
라임의 베를리너 바이세인 러시를 가장 즐긴다. 어린 시절
좋아했던 얼음과자를 떠올리게 하는 이 맥주는 찬사를 받아
마땅하다.

사워맥주수박피클

Watermelon, Mint and Chilli Pickle

분량 | 4인분

재료

사워 맥주(오이 또는 수박 맛) 330ml

수박 ½통

양조식초 50ml

뜨거운 물 20ml

바닷소금 고운 것 15g

백설탕 15g

민트잎 10장

고춧가루 1작은술(생략 가능)

찬물 적당량(생략 가능)

이 피클은 프라이드치킨과 잘 어울린다. 대부분의 즉석 피클에 비해 수박의 숨이 죽는 데 시간이 좀 더 걸리므로 먹기 2시간 전쯤 만든다. 오이나 수박 맛의 사워 맥주를 찾을 수 없다면 리터구츠 오리지널 베를리너 바이세나 매직 록 솔티 키스 같은 베를리너 바이세나 고제를 쓴다.

1 수박은 5cm 크기로 깍둑썰기하고 민트잎은 채 썬다.

2 바닷소금, 백설탕, 고춧가루를 볼에 담고 뜨거운 물을 부은 뒤 힘차게 저어 소금과 설탕을 녹인다.

3 사워 맥주와 양조식초, 수박을 순서대로 **2**에 넣고 필요하다면 수박이 완전히 잠기도록 찬물을 부은 뒤 2시간 정도 냉장 보관한다.

4 국물을 버리고 피클에 민트잎을 뿌린다.

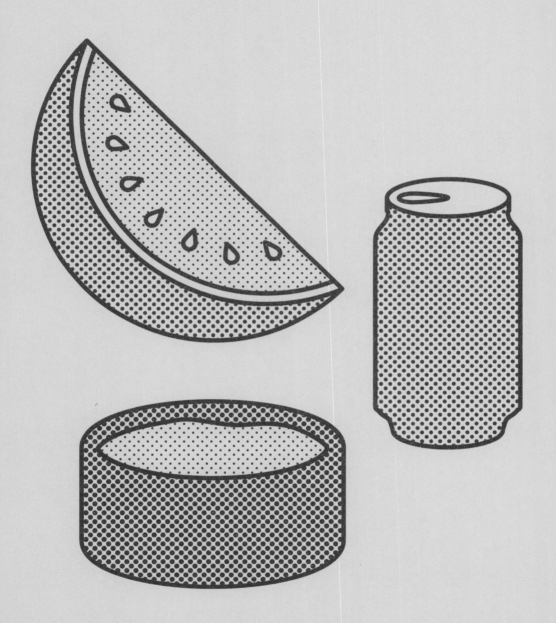

루브아이콘

Rube Icon

분량 | **1인분**

재료
열대 과일 맛 맥주 150ml
리치 리큐어 50ml
라임즙 1작은술

어린 시절 즐겨 마셨던 열대 과일 맛 음료 루비콘의 이름에서 착안한 칵테일이다. 비단 루비콘이 아니더라도 세계 어디에나 비슷한 열대 과일 맛 음료가 있을 것이다. 맥주는 사워 비어가 좋고 사워 비어가 아니라면 트리플 섹 1큰술을 추가한다.

1 리치 리큐어와 라임즙을 얼음 잔에 따라 흔들고 마티니 잔에 담는다.

2 맥주를 붓고 살포시 젓는다.

9

무알코올,
저알코올,
무글루텐 맥주

No, Low and
G-Free Beers

믿거나 말거나, 괜찮은 저알코올 혹은 무알코올 맥주가
있었으면 좋겠다고 바랄 때가 있다. 아주 가끔이지만 운전을
해야 하는데 기포가 보글거리는 탄산음료를 마시고 싶지 않을
때 말이다. 하지만 괜찮은 저알코올 혹은 무알코올 맥주는
드물다.
나는 글루텐 불내증이 있거나 셀리악병 환자는 아니지만
글루텐을 섭취할 수 없어 맥주를 마시지 못하는 이들을
생각한다. 그래서 이런 이들을 위한 맥주를 찾기는 쉽지
않지만, 세계에 널리 퍼져 있는 것 가운데 마셔볼 만한 것을
골라봤다.
거의 대부분의 국가에서 알코올 도수 0.5% 이하는
무알코올이며 취할 수 없는 맥주라고 규정하므로, 내가
그 정도 알코올 도수의 맥주를 소개한다고 해서 멍청하다고
생각하지는 않았으면 좋겠다. 물론 내가 숫자 감각이
떨어진다는 사실을 아는 사람은 다 알지만 말이다.

빅 드롭
업타운
크래프트 라거
(무글루텐 / 무알코올)

Big Drop Uptown Craft Lager (GF/AF)

도수
0.5%

원산지
영국

이런 맥주를 좋아한다면 마셔보자
목 넘김 좋은 라거

잘 어울리는 음식
할루미치즈샐러드

비슷한 추천 맥주
피스톤헤드Pistonhead 플랫 타이어
무알코올Flat Tire Alcohol-Free
0.5%, 스웨덴

빅 드롭 크래프트의 설립자 롭 핑크는 원래 법조계 종사자였는데, 일 때문에 술을 너무 많이 마신다는 걸 알아차렸고 맛있는 무알코올 맥주를 찾아 나섰다. 하지만 마음에 드는 걸 찾지 못했고 아예 직접 만들기로 마음을 먹었다. 그래서 조니 클레이튼과 일했던 브루어를 고용했고 나머지는 알려진 그대로다.

빅 드롭은 알코올을 조금만 만들어내는 '게으른' 효모로 발효시킨 무알콜 맥주로 승승장구하고 있다. 일단 영국에서 최고의 무알코올 맥주로 인지도를 쌓았으며, 롭이 마음만 먹는다면 세계 정복도 시간문제다.

업타운 크래프트 라거는 글루텐과 유당을 함유하고 있지 않아서 완전 채식을 하는 이들도 마실 수 있는 맥주다. 게다가 바쁜 일과나 땀 흘린 운동을 마친 뒤 마셨을 때의 상쾌함 또한 제대로 전해준다.

연한 호박색 맥주를 마시면 가벼운 건초와 미묘한 캐러멜 향이 먼저 다가오고, 전체적인 무거움을 덜어주는 유쾌한 알싸함으로 마무리한다. 과거의 밍밍하고 지루한 저알코올 맥주를 생각하면 너무 반가운 존재다.

스티글
프라이비어
(무알코올)

도수
0.5%

원산지
오스트리아

이런 상황을 좋아한다면 마셔보자
스키를 똑바로 타고 싶을 때

잘 어울리는 음식
비엔나슈니첼

비슷한 추천 맥주
어슬레틱 브루잉Athletic Brewing
프리 웨이브 IPAFree Wave IPA
0.5%, 미국

스티글은 모차르트가 다녀간 세계 유일의 브루어리다. 이 브루어리의 알코올 맥주를 마시며 모차르트의 플루트 협주곡을 들은 적 있는데, 아주 훌륭한 경험이었다. 플루트를 원래 좋아하기도 하지만 말이다.

스티글 프라이비어는 진짜 맛있는 무알코올 맥주다. 스티글이 워낙 맥주를 잘 만들기 때문에 무알코올 버전조차 맛있다는 건 그다지 놀랄 일도 아니다.

스티글의 다른 맥주와 마찬가지로 프라이비어 또한 오스트리아의 재료만 사용한다. 맛을 최대한 보장하기 위해 여과를 거치지 않아, 유난히 알싸한 밀감 사탕의 향과 지역 사피어 홉의 맛을 느낄 수 있다.

요즘의 크래프트 무알코올 맥주가 맛있는 이유

Why Craft No/Lows Taste Better These Days

기네스의 칼리버 같은 맥주를 마셔봤다면 크래프트 맥주를 다루는 책에 무알코올 항목을 추가했다는 사실만으로 심장이 멎어버릴 수도 있다. 하지만 일단 진정하자.

무알코올 맥주는 빚는 방식이 달라서 지금까지는 맛이 없었다. 최근까지만 해도 맥주를 끓여 알코올을 증발시켰으므로 대부분의 홉 향이 날아가버린다. 거의 맥아즙과 비슷한 상태로 돌아가는 가운데 끝에는 괴상한 쓴맛이 남는다. 기본적으로 달고 살짝 쓴 채소물 맛이 나는 것이다.

초저온 알코올 추출은 아마 가장 맛있는 무알코올 맥주를 만들 수 있는 최고의 방법 가운데 하나일 것이다. 애드넘스^{Adnams} 브루어리에서 최근 그 설비에 엄청난 투자를 했는데, 결과를 맛으로 확인할 수 있다. 그들의 고스트십 무알코올 버전은 정말 똑같이 맛있다.

그리고 마침내 저예산으로도 맛이 가득 들어찬 무알코올 맥주를 빚을 수 있는 방식이 등장했으니, '게으른' 효모를 쓰는 것이다. 이 효모는 보리의 맥아당에 관심이 없어서 아예 섭취 및 발효를 하지 않는다.

그래서 아무것도 제거하지 않은, 아주 맛있는 무알코올 맥주를 마실 수 있는 것이다. 그러므로 무알코올 맥주에 제발 한 번만 더 기회를 줘보자. 놀라게 될 것이다!

소바
레몬 아스펜
필스너
(무알코올)

Sobah Lemon Aspen Pilsner(AF)

도수
0.5%

원산지
호주

이런 음료를 좋아한다면 마셔보자
진짜 레모네이드

잘 어울리는 음식
갑각류

비슷한 추천 맥주
킹피셔Kingfisher 라들러 진저 앤 라임Radler
Ginger&Lime
0%, 인도

소바를 즐겨야 할 이유는 많다. 일단 호주 원주민이 소유하고
운영하는 브루어리로, 호주 최초로 무알코올 맥주만 생산하며
환경친화와 윤리적 생산의 가치를 믿는다.

여느 제품처럼 소바의 맥주 또한 사회적인 환경에서 마시도록
만들어졌지만, 소바의 존재 의미는 그 수준을 넘어선다. 소바는
호주 원주민에게 영향을 미치는 사회문제에 관심을 가질 뿐
아니라 그들에게 얽힌 많은 편견을 깨뜨리고자 한다. 그리고
원주민과 토레스 해협 섬 주민이 호주 사회에 미치는 긍정적인
영향을 지지한다.

그들은 자신들의 맥주를 매력적인 별명인 '부시터커(호주
원주민의 전통 식재료-옮긴이) 맥주'라고 부르며 이 맛있는
필스너에 원주민의 과일인 레몬 아스펜을 사용한다. 덕분에
밝고 상큼하며 거의 핑크자몽에 가까운 맛과 향을 낸다.
엄청나게 맛있는 핑거라임 맛 멕시코식 라거도 있다. 호주의
뜨거운 날씨에 믿을 수 없을 정도로 잘 어울려서 한 모금 마시면
황금색 해변과 파도타기밖에 생각나지 않는다.

실리아
다크
(무글루텐)

Celia Dark(GF)

도수
5.7%

원산지
체코

이런 음료를 좋아한다면 마셔보자
루트비어

잘 어울리는 음식
돼지족발

비슷한 추천 맥주
볼담 Voll-Damm
7.2%, 스페인

무글루텐 다크 라거는 정말 흔치 않은 맥주다. 같은 종류가 세계에 하나라도 더 있는지 모르겠지만, 아직 찾지 못했다. 물론 그렇다고 없다는 말은 아니다. 나는 맥주에 박식하지만 모든 맥주를 알지는 못하니까!

실리아 다크는 체코의 아름답고 유서 깊은 마을 자테츠에 있으며 이제는 칼스버그가 소유한, 역사가 1700년까지 거슬러 올라가는 브루어리에서 빚는다. 브루어리의 라거링 저장굴은 여전히 성벽 깊숙이 파고 들어가 자리 잡고 있다. 이 브루어리에서 엄청나게 맛있는 포터도 빚고 있지만, 그건 다른 책에서나 다룰 맥주다.

진한 루비 갈색을 띠는 실리아 다크는 진한 커피와 초콜릿 향을 지니고 있는데, 그런 가운데서도 상큼한 베리의 향과 가벼운 바디를 지녀 복잡한 동시에 상쾌하다.

웨스터햄 브루어리 컴퍼니 헬레스 벨스
(무글루텐)

도수
4%

원산지
영국

이런 맥주를 좋아한다면 마셔보자
독일 라거

잘 어울리는 음식
부드러운 브레첼

비슷한 추천 맥주
그린스Green's 글로리어스
필스너Glorious Pilsner
4.5%, 영국

웨스터햄 브루어리 컴퍼니는 무글루텐 맥주를 티내지 않고 오랫동안 빚어왔으니, 브루어리의 분위기와 일맥상통한다. 웨스터햄 사람들은 그저 맛있는 맥주를 빚었을 뿐인데 그 가운데 무글루텐 제품도 있다고 생각할 테니, 그 정신을 높이 사지 않을 수 없다.

웨스터햄 브루어리 컴퍼니의 소유주인 로버트 윅스는 도시에서 오랫동안 일하다가 회사를 그만두고 웨스터햄의 자랑스러운 양조 전통에 합류하기로 마음을 먹었다. 그는 웨스터햄 브루어리의 새 브루어리(탭룸이 너무 좋다)와 아주 가까운 곳에 있는 옛 이글 브루어리의 클래식을 참조해 맥주를 빚는다.

헬레스 벨스는 이름이 말해주듯 편하게 마실 수 있는 헬레스 라거 스타일의 맥주다('hell'은 독일어로 '색이 연한'이라는 뜻이고 '헬레스 라거'는 연한 색의 라거를 의미한다-옮긴이). 짜임새가 좋고 가벼운 바디에 브리오슈의 맛이 감돌며, 할러타우 트래디션 홉의 허브와 향신료가 풍성해 냄새만 맡아도 뮌헨에 있는 듯한 느낌을 받을 것이다.

위크로우 울프 문라이트
(무알코올)

Wicklow Wolf Moonlight(AF)

도수
0.5%

원산지
아일랜드

이런 상황을 좋아한다면 마셔보자
낚시하러 가서 한 마리도 못 잡을 때

잘 어울리는 상황
제물낚시를 한 뒤에

비슷한 추천 맥주
기네스Guinness 퓨어 브루Pure Brew
0.5%, 아일랜드

위크로우 울프의 맥주는 아일랜드에서 처음 마셨던 것 가운데 가장 맛있었고, 그들은 이후에도 승승장구하고 있다. 위크로우 울프는 미국의 맥주에서 영향을 받은 두 친구 퀸시 페넬리와 사이먼 린치에 의해 설립됐다. 그들은 양조 사업에 뛰어든 게 운명이라 말한다.

이제 두 자릿수 직원과 함께 일하는 위크로우 울프는 아일랜드에 드물게도 10에이커 규모의 홉 농장을 보유하고 있다. 원예 산업에서 20년의 경력을 쌓은 린치의 관리 아래 홉이 자라고 있다.

문라이트는 자몽 향의 시트라 홉이 풍성하게 느껴지며, 미국식 풀바디 페일 에일과 거의 똑같다. 하지만 유럽의 할러타우 블랑 홉 덕분에 청포도의 향도 풍긴다. 그래서 둑에 앉아 낚싯대를 드리우고서 여유를 부릴 때 마시기 좋다. 낚시를 경험해봐서 아는데, 물고기를 잡기는 잡아야 하지만 그래도 맛있는 맥주 한두 캔 마실 여유는 있다.

오브라이언
라거
(무글루텐)

O'Brien Lager(GF)

도수
3.5%

원산지
호주

이런 상황을 좋아한다면 마셔보자
걱정 없을 때

잘 어울리는 상황
해변에서의 일몰

비슷한 추천 맥주
오미션Omission 라거Lager
4.6%, 미국

때로는 그저 느긋하게 앉아 일몰을 바라보며 마시기 편한 맥주와 하루를 마무리하고 싶을 때가 있다. 오브라이언 라거는 그럴 때 딱 맞는 맥주다. 언제나 그런 맥주를 마시고 싶은 건 아니므로 오브라이언 라거가 엄청난 감동을 주는 맥주라고는 말하지 않겠다. 그저 눈앞의 세상을 조망하는 데 걸림돌이 되지 않는, 마음과 영혼을 느긋하게 달래줄 잘 만든 라거를 마시고 싶을 때 딱 맞는 맥주일 뿐이다.

오브라이언 라거는 단순하고 가벼우며 깔끔한 바디에 타임과 레몬이 깃들어 있고 알코올 도수가 고작 3.5%라 직장에서 바쁜 1주일을 보낸 뒤 머릿속을 씻어주기 딱 좋은 맥주다.

그린스
드라이 홉드 라거
(무글루텐)

Green's Dry-Hopped Lager(GF)

도수
4%

원산지
벨기에

이런 맥주를 좋아한다면 마셔보자
페일 에일

잘 어울리는 상황
친구와 함께 또는 뜨거운 날

비슷한 추천 맥주
리즈 브루어리Leeds Brewery OPA
0%, 영국

생기 넘치고 강렬한 홉과 더불어 생생하고 깔끔하게 입안을
씻어주는 음료로, 그린스는 먼 길을 걸어왔다. 예전엔 그저
그랬지만 요즘은 훨씬 맛있어졌다는 말이다. 물론 예전의
버전도 셀리악병으로 맥주를 마시지 못해 고생하는 이들에게는
신이 내린 것 같았겠지만 말이다.

그린스는 영국 소유 기업이지만 맥주는 벨기에서 빚는다.
데릭 그린이 셀리악병 진단을 받아 어쩔 수 없이 보리와 밀을
끊어야 되는 상황에서 무글루텐 맥주를 만들기 위해 20년 동안
찾아다녔을 때 유일하게 협조하겠다고 나선 브루어리다.

그는 글루텐을 섭취할 수 없는 딸이 있는 양조학 교수와 우연히
만났고 이 덕분에 그린스의 무글루텐 맥주 제품군이 탄생했다.
다양한 무글루텐 맥주가 있지만 드라이 홉드 라거가 가장
맛있다.

글루텐버그
아메리칸
페일 에일
(무글루텐)

Glutenberg American Pale Ale(GF)

도수
5.5%

원산지
캐나다

이런 음료를 좋아한다면 마셔보자
과일 칵테일

잘 어울리는 음식
몬트리올의 훈제 고기 또는 파스트라미

비슷한 추천 맥주
웨스터햄 브루어리 컴퍼니Westerham
Brewery Co. 스코트니 페일 에일Scotney
Pale Ale
4%, 영국

아메리칸 페일 에일은 글루텐버그에서 처음 마셔본 맥주였는데 솔직히 '맛있다'는 생각이 들었다. 그저 '무글루텐 맥주치고는 괜찮네'라는 느낌이 아니었다는 말이다. 그들의 대표 맥주인 페일 에일이니 당연히 맛있다.

미국식 페일 에일에서 기대할 수 있는 상쾌하고 생기 있는 자몽과 라임에 약간의 솔 향을 느낄 수 있는 이 맥주는 냉장고에 넣어뒀다가 힘든 일과를 마치고 저녁 메뉴를 고민할 때 마시기 좋다. 이들의 IPA도 매우 잘 다듬어져 아주 좋아한다.

미켈러
드링크인 더 선
(무알코올)

Mikkeller Drink'in the Sun(AF)

도수
0.3%

원산지
덴마크

이런 음료를 좋아한다면 마셔보자
거르지 않아 탁한 레모네이드

잘 어울리는 음식
흰살생선그릴구이

비슷한 추천 맥주
아르코브라우Arcobräu 우어파스
무알코올Urfass Alcohol-Free
0.5%, 독일

위탁 양조의 아버지인 미켈 보리 비야르쇠가 최초로 맛있는
저알코올 맥주를 내놓은 크래프트 브루어라는 사실은
놀랍지 않다. 우리가 숨을 쉬는 만큼이나 빠르게 아이디어를
내놓았지만 실행에는 오랜 시간이 걸린 게 놀라울 뿐이다.

이 미국식 밀맥주는 레몬과 복숭아의 상쾌함이 최고조에
이르니 그릴에 구운 생선이나 닭고기, 채소샐러드 외의
음식과 복잡하게 짝짓지 않는 게 좋다. 어떨 때는 단순함이
최선이니까.

에딩거
알코올프라이
(무알코올)

Erdinger Alkoholfrei(AF)

도수
0.5%

원산지
독일

이런 상황을 좋아한다면 마셔보자
마라톤을 달릴 때

잘 어울리는 상황
땀에 흠뻑 젖었을 때

비슷한 추천 음료
펜티만스Fentimans 레몬 샌디Lemon Shandy
0.5%, 영국

이 맥주가 운동 후 마시는 전해질 음료로 홍보된다는 사실이 좋다. 에딩거의 편을 들자면, 운동 후 바로 마시는 저알코올 맥주는 몸에 좋고 스포츠음료보다 더 회복에 도움이 된다고 한다. 이 무알콜 버전은 대부분의 스포츠음료보다 열량이 낮기도 하다.

에딩거 알코올프라이는 대부분의 독일식 밀맥주에 비해 조금 덜 생생하지만 밀맥주에서 이스트의 바나나와 정향 향이 너무 강하다고 생각하는 사람이라면 나쁘지 않을 것이다. 운동 후 맥주를 얼음처럼 차갑게 마시면 모든 맥주가 맛있지만 특히 이 맥주는 건강에 좋다는 말 또한 으쓱대며 끼워 넣을 수 있어 더 좋다.

뉴 벨지움
글뤼티니
골든 에일
(무글루텐)

New Belgium Glütiny Golden Ale(GF)

도수
5.2%

원산지
미국

이런 맥주를 좋아한다면 마셔보자
라거

잘 어울리는 음식
타코

비슷한 추천 맥주
월드 탑Wold Top 어게인스트 더
그레인Against the Grain
4.5%, 영국

뉴 벨지움은 꿈의 직장 가운데 하나다. 우리사주기업에 높은
윤리, 환경, 사회적 가치를 추구한다. 뉴 벨지움의 웹사이트나
라벨에서 '글루텐을 줄이기 위해 세심하게 다듬은'이라는
표현을 읽을 수 있다. 맥주가 아니라 말똥 홍보 문구인지
헷갈릴 수도 있다.

하지만 뉴 벨지움을 비롯한 브루어리를 비난해서는 안 된다.
미국 식약청에서는 다른 나라와 달리 '무글루텐'이라는 용어를
쓰지 못하게 하기 때문이다. '무글루텐'을 썼다가는 소송을
걸려는 변호사가 줄줄이 대기하고 있을 것이다.

관료주의적 농담은 뒤로하고, 이 골든 에일(이와 같은
제품군인 글뤼티니 페일 에일 또한)은 온화한 쓴맛과 골딩 홉의
사랑스러운 가죽 향, 그리고 캐스케이드와 너겟 홉의 한 방을
지닌 강렬한 맛의 상쾌한 맥주다.

감사의 말

좋은 책을 낼 기회를 준 최고의 출판사 하디 그랜트에 감사합니다.
엘리아, 인내해줘서 감사해요. 책을 멋지게 만들어준 스튜어트 하디에게도
감사합니다. 당신은 재능과 재미를 동시에 갖춘 사람이에요.

벤, 나를 참아준다는 사실에 모든 책을 당신에게 바칩니다. 언제나 끝없이
지지하고 사랑해줘서 너무 고마워요.

내 가족들, 아빠와 엄마, 조시와 케이트에게 감사합니다. 언제나 그 자리에
있어줘서 감사해요.

팸과 스탠 이튼, 두 사람 덕분에 책을 쓰게 됐어요. 관심을 기울이고 맥주에
지칠 때면 와인을 같이 마셔준 마이크와 조애나 이튼에게도 감사합니다.

내 친구들과 맥주 가족들, 지난 18개월 동안 정말 그리웠어요. 사랑하는
이들을 만나지 못해 너무 힘들었지만 곧 다시 만날 날이 올 거예요.

이름을 언급하며 감사해야 할 사람이 너무나 많지만 대신 세상을 떠난
두 사람을 기억하고자 합니다. 그들이 떠나서 너무나도 슬프고 맥주와 음식
세계에 큰 구멍이 나버린 것 같아요.

세인트 오스텔의 양조 책임자인 로저 라이먼은 친구이자 멘토,
그리고 맥주계의 거인이었습니다. 당신과 시간을 더 같이 보내지 못해서
아쉽고 같이 세이즌을 빚을 수 있어서 정말 자랑스러웠어요.

그리고 음식과 음주 친구이자, 식문화의 다양성을 알려준 찰스 캠피언을
그립니다. 언젠가 다시 무선으로 연락을 나눌 날이 오겠죠.

마지막으로 맥주계 최악의 인물들을 몰아내고 폭을 넓혀준 모든 사람들,
여러분들을 존경합니다.

이 책을 맥주와 삶에서 타인을 위해 나서는 이들에게 바칩니다.

나를 절대 실망시키지 않는 벤, 고마워요.

언제나 나를 웃겨주는 케이트, 고마워요.

크래프트 맥주

1판 1쇄 인쇄 2022년 5월 11일
1판 1쇄 발행 2022년 5월 20일

지은이 멜리사 콜
옮긴이 이용재
편집인 김옥현

디자인 강혜림
마케팅 정민호 박보람 이숙재 김도윤 한민아 정진아 이가을 우상욱 정유선
브랜딩 함유지 김희숙 정승민
저작권 박지영 이영은 김하림
제작 강신은 김동욱 임현식
제작처 영신사

펴낸곳 (주)문학동네
펴낸이 김소영
출판등록 1993년 10월 22일 제406-2003-000045호
임프린트 테이스트북스

주소 10881 경기도 파주시 회동길 210
문의전화 031)955-3570(마케팅), 031)955-2693(편집)
팩스 031)955-8855
전자우편 selina@munhak.com

ISBN 978-89-546-8641-9 13590

www.munhak.com